贺森 马敏 著

青少年玩转
开源硬件

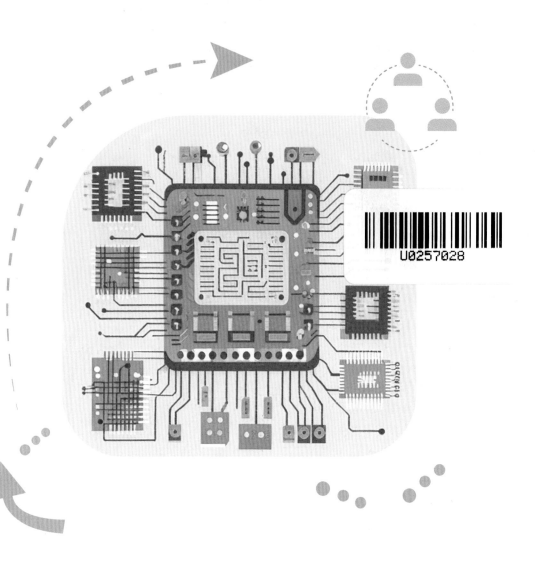

U0257028

中国科学技术大学出版社

内 容 简 介

本书是 2023 年度安徽省教育信息技术研究课题"基于'网络平台'开展城乡小学信息科技协同教学的路径研究"(AH2023131)的研究成果。以项目为导向,基于 Arduino UNO 开发板,介绍了 15 个不同的项目主题,包括智能交通、智慧家居、实用工具、穿戴设备等,每个项目都有详细的步骤说明、实验材料清单、设计思路以及原理解析等内容,旨在帮助青少年结合理论知识进行编程设计、模块组装等,带领青少年体验丰富的开源硬件技术,将自己的创意转变成可以实现的作品。

本书适合小学高年级学生和初中学生学习使用,也可以作为信息科技老师开发相关开源硬件课程的参考资料。

图书在版编目(CIP)数据

青少年玩转开源硬件/贺森,马敏著.--合肥:中国科学技术大学出版社,2024.
8.--ISBN 978-7-312-06042-7

Ⅰ.TP368.1-49

中国国家版本馆 CIP 数据核字第 2024K078D0 号

青少年玩转开源硬件

QINGSHAONIAN WANZHUAN KAIYUAN YINGJIAN

出版	中国科学技术大学出版社
	安徽省合肥市金寨路 96 号,230026
	http://press.ustc.edu.cn
	http://zgkxjsdxcbs.tmall.com
印刷	合肥华苑印刷包装有限公司
发行	中国科学技术大学出版社
开本	787 mm×1092 mm 1/16
印张	13.5
字数	325 千
版次	2024 年 8 月第 1 版
印次	2024 年 8 月第 1 次印刷
定价	48.00 元

前　言

在科技不断进步和创新的今天,我们生活在一个由电子微芯片、智能设备和互联网构建的全新世界里。开源硬件,作为一种新兴的技术理念,正逐渐改变我们理解科学、实现创意和解决问题的方式。对于青少年而言,掌握这项技术不仅意味着能够先人一步了解和运用最新的科技成果,也代表着拥有了将自我想法转化为现实的能力。

本书是 2023 年度安徽省教育信息技术研究课题"基于'网络平台'开展城乡小学信息科技协同教学的路径研究"(AH2023131)的研究成果。以项目为导向,基于 Arduino UNO 开发板,介绍了 15 个不同的项目主题,包括智能交通、智慧家居、实用工具、穿戴设备等,每个项目都有详细的步骤说明、实验材料清单、设计思路以及原理解析等内容,旨在帮助青少年结合理论知识进行编程设计、模块组装等,带领青少年体验丰富的开源硬件技术,将自己的创意转变成可以实现的作品。

本书注重开拓青少年的创新精神和实践能力,通过项目实践,引导青少年学会如何分析和解决问题,如何将自己的想法变成现实,如何与团队合作并克服挑战,这些都是他们在成长过程中必须具备的能力。在编写过程中,引入项目式学习理念和 STEAM 理念,运用跨学科知识解决问题,并以低成本项目创作为主线,以技术学习为支撑,让青少年在快乐的项目创作过程中,既学到实用的知识和技术,又培养创新思维和实践动手能力。本书特点包括:

(1) 易教易学:内容设计考虑教师教学和学生学习的需求,提供清晰的指导和资源。

(2) 器材实用:推荐的器材易于获取且成本合理,适合学校条件。

(3) 寓教于乐:结合趣味性活动,激发学生兴趣,享受创造乐趣。

(4) 实践导向:强调实践操作,通过项目和实验加深理解。

(5) 精选案例:精心挑选适合青少年的案例,平衡课程深度与广度。

(6) 操作简便:确保学生能在有限时间内完成项目,获得成就感。

本书适合小学高年级学生和初中学生学习使用,也可以作为信息科技老师开发相关开源硬件课程的参考资料,同时还给广大热爱发明创造、创客教育和

STEAM 教育的师生提供了比较完备的教学案例,可以更好地推进基层学校开展创客教育和发明创造活动。

最后,感谢所有为本书出版作出贡献的人员,是他们的辛勤工作和专业精神,为本书的顺利出版提供了坚实的保障。希望本书的出版,能让青少年在开源硬件技术的探索和实践中不断成长和进步。

作 者

2024 年 3 月

目　　录

第 1 章　交通信号灯

早期的电子控制器是由大型电子元件搭建而成的,这样的控制器不但连线复杂,而且也不太容易理解其工作原理。随着电子技术的发展,人们开发出可编程的控制器,由于本书是机器人技术的普及图书,因此书中直接采用了能够直接编写程序的控制器。考虑到大家学习的便利性,本书使用的是开源的控制器——Arduino,开源硬件是开源文化的一部分,指在设计中公开详细信息的硬件产品,包括结构件、电路图、材料清单和控制代码等。Arduino自 2005 年面世以来便广受好评,如今已成为热门的开源硬件之一。对于没有接触过 Arduino的朋友来说,可能对其还有很多疑问,本章将为大家一一解答。

1.1　学 习 任 务

(1) 了解生活中红绿灯的使用规律。
(2) 了解蜂鸣器的原理和应用。
(3) 完成交通灯的编程。

1.2　实 验 材 料

Arduino 主控板×1、LG 拓展板×1、USB 数据线×1、电池×1、蜂鸣器模块×1、多色灯模块×1、杜邦线若干。

1.3　知 识 准 备

1.3.1　认识 Arduino UNO 开发板

Arduino 并不仅仅是一块小小的电路板,还是一个开放的电子开发平台。它既包含了硬件——电路板,也包含了软件——开发环境。它能通过各种各样的传感器来感知环境,并通过控制灯光、马达或其他装置来反馈和影响环境。

我们常用的 Arduino UNO 开发板(以下简称 UNO 板)上有 14 个数字端口(Digital I/O),分别用 D0,D1,D2,…,D13 来表示,6 个模拟端口(Analog I/O)分别用 A0,A1,A2,A3,A4,A5 来表示。

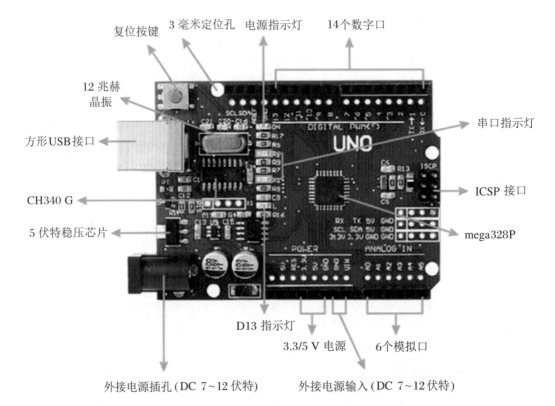

图 1-1 UNO 开发板(串口采用 CH340 芯片)

1.3.2 UNO 板的供电方式

(1) 通过 USB 接口供电,电压为 5 伏特。

(2) 通过 DC 电源输入接口供电,电压要求 7~12 伏特。

(3) 通过电源接口处 5 伏特或者 VIN 端口供电,5 伏特端口处供电必须为 5 伏特,VIN 端口处供电为 7~12 伏特。

1.3.3 指示灯

Arduino UNO 板带有 4 个 LED 指示灯,作用分别如下:

(1) ON,电源指示灯。当 Arduino 通电时,ON 灯会点亮。

(2) TX,串口发送指示灯。当使用 USB 连接到计算机且 Arduino 向计算机传输数据时,TX 灯会点亮。

（3）RX，串口接收指示灯。当使用 USB 连接到计算机且 Arduino 接收到计算机传来的数据时，RX 灯会点亮。

（4）L，可编程控制指示灯。该指示灯通过特殊电路连接到 Arduino 的 13 号引脚，当 13 号引脚为高电平或高阻态时，该指示灯会点亮；当为低电平时，不会点亮。因此可以通过程序或者外部输入信号来控制该指示灯的亮灭。

1.3.4　复位按键

按下复位按键（reset button）可以重新启动 Arduino，从头开始运行程序。

1.3.5　认识灵创拓展板

灵创拓展板（以下简称拓展板）是专门为 UNO 板开发的拓展板，该拓展板扩展了 UNO 板的接口，使传感器和电子元件的连接更加便捷，如 D0～D13 每个数字管脚都配套一个 GND 和一个 VCC。使用时，直接将拓展板堆叠插接在 UNO 开发板上，使用十分方便。

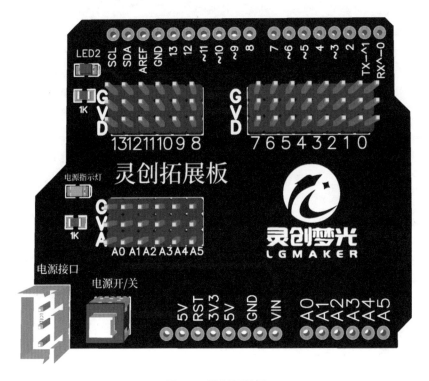

图 1-2　灵创拓展板

小贴士

UNO 开发板、灵创拓展板和盾板三者的关系

我们在使用时一般将 UNO 开发板和灵创拓展板组合起来使用；在程序编写时直接拿出盾板即可使用(图 1-3)。

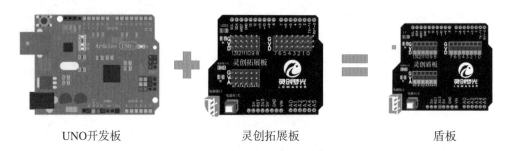

UNO开发板　　　　　　　灵创拓展板　　　　　　　盾板

图 1-3　UNO 开发板、灵创拓展板、盾板三者的关系

知识拓展

Arduino 的来历是什么?

意大利依夫雷亚交互设计学院的马西莫·班兹教授和他的学生赫尔南多·巴拉甘一起开发了一个简单易用的电路板和开发工具,并准备推向市场销售。他们以常去的一家酒吧名字来命名这个产品。这家酒吧就叫"Bar di re Arduino",这个名字来源于意大利的末代皇帝阿杜安(Arduin)。后来,班兹教授把 Arduino 向公众开源,并将硬件售价定得很便宜。没想到,开源之后,Arduino 迅速传播开来,成为了主流的开源硬件平台之一。

1.3.6　认识 linkboy 软件

linkboy 是一款非常优秀且功能强大的编程仿真平台,是主要针对图形图像打造的图形化编程仿真软件,linkboy 官方版通过鼠标交互拖拽即可快速搭建编程逻辑,无须下载至硬件,可提供模拟仿真功能,拥有所见即所得的可视化界面,可直接在软件界面上操作,被广泛应用于小学的创客教育中。

linkboy 功能选项卡分为指令、元素、模块三类。

同学们可以打开 linkboy 软件,熟悉一下 linkboy 的基本界面(图 1-4)及基本操作,了解各选项卡中的不同指令及模块的功能。将模块或元素拖到工作台后,可用鼠标单击它们,就会弹出一个窗口,包括"信息""示例""左旋""右旋"等,单击"信息"和"示例",能了解其功能特点和使用方法,有输入框的可以尝试设置其参数或名称。

图 1-4　linkboy 软件基本界面

1.3.7　软件主界面介绍

软件主界面介绍如图 1-5 所示。

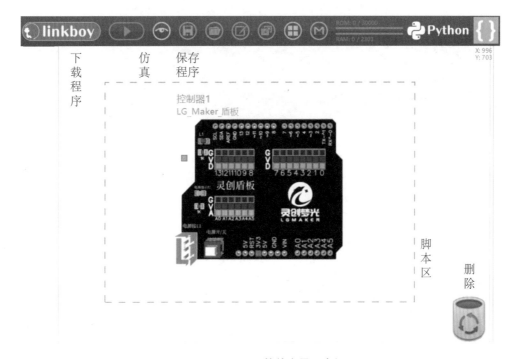

图 1-5　linkboy 软件主界面介绍

安装驱动：

第一次使用 linkboy 软件时需要安装驱动，在保存程序后，单击左上方"下载程序"→左键点击"查看自带驱动"（图 1-6）→左键双击"新版 CH341usb_com 驱动"程序（图 1-7）→左击"安装"（图 1-8），安装成功之后依次关闭文件窗口即可。

图 1-6 "查看自带驱动"界面

名称	修改日期	类型	大小
MEGA8_driver	2022/6/6 15:43	文件夹	
过时的驱动	2022/6/6 15:43	文件夹	
驱动安装失败解决办法.doc	2018/5/13 1:50	DOC 文档	1,322 KB
新版CH341usb_com驱动.EXE	2018/4/3 16:59	应用程序	238 KB

图 1-7 安装驱动文件界面

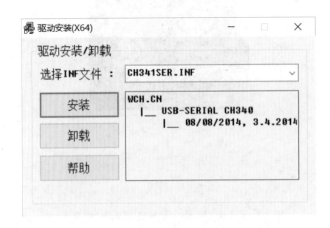

图 1-8 "安装"界面

1.3.8 多色灯

交通信号灯,又称红绿灯,是指挥交通运行的信号灯,一般由红灯、绿灯、黄灯组成。红灯表示禁止通行,绿灯表示准许通行,黄灯表示警示。红绿灯通过调节红灯和绿灯亮的时长,指引车辆、行人有序地通过。

多色灯模块上面有红、黄、绿三种不同颜色的灯(图 1-9)。该模块一共有 4 个引脚,R、Y、G 分别表示红(Red)、黄(Yellow)、绿(Green),但是只有一个 GND,没有 VCC,共用一个阴极,因此 GND 接的是负极,R、Y、G 分别接入不同的信号端口,控制其对应颜色的灯。

图 1-9　多色灯模块

1.3.9 蜂鸣器

1. 蜂鸣器的类型及特点

蜂鸣器是一种一体化结构的电子讯响器。采用直流电源供电,常用于报警器、电子玩具、定时器等电子设备中作发声器件。

我们常用的蜂鸣器有两种类型:无源蜂鸣器(图 1-10)和有源蜂鸣器(图 1-11)。这里的"源"不是指电源,而是指振荡源。

图 1-10　无源蜂鸣器

图 1-11　有源蜂鸣器

无源蜂鸣器的特点为：

(1) 因为无源内部不带振荡源，所以如果用直流信号无法令其鸣叫，需用2～5 K 的方波去驱动它。

(2) 声音频率可控，可以发出"哆来咪、唆拉西"的声音。

(3) 在一些特例中可以和 LED 同用一个控制口。

识别：高度为8毫米，比有源蜂鸣器略低，将蜂鸣器引脚朝上放置时，可以看到绿色电路板。

有源蜂鸣器的特点为：

(1) 因为有源蜂鸣器内部自带振荡源，所以只要一通电就会发出声音。

(2) 程序控制方便，单片机的一个高低电平就可以使其发出声音。

识别：高度为9毫米，比无源蜂鸣器略高，将蜂鸣器引脚朝上放置时，没有绿色电路板，而是用黑胶密封的。

2. 蜂鸣器模块引脚

蜂鸣器模块有 3 个引脚：VCC 接的是正极；GND 接的是负极；I/O 接口，即输入/输出接口，接信号端口。

蜂鸣器模块还分为高电平触发蜂鸣路模块和低电平触发蜂鸣路模块(图 1-12)。低电平触发，即当 I/O 接口输入低电平时，蜂鸣器发声；高电平触发，即当 I/O 接口输入高电平时，蜂鸣器发声。

图 1-12　高/低电平触发蜂鸣器模块

1.4　制 作 流 程

课堂小目标

点亮红绿灯:首先红灯点亮 15 秒,然后绿灯点亮 10 秒,最后黄灯点亮 3 秒,并且程序反复执行。

开始编程

1.4.1　硬件模拟搭建

1. 选择主控板

单击左上方的"模块"→"LG Maker"→"主板类"→"控制器",并将箭头所指的控制器拖到界面中央的工作台(图 1-13)。

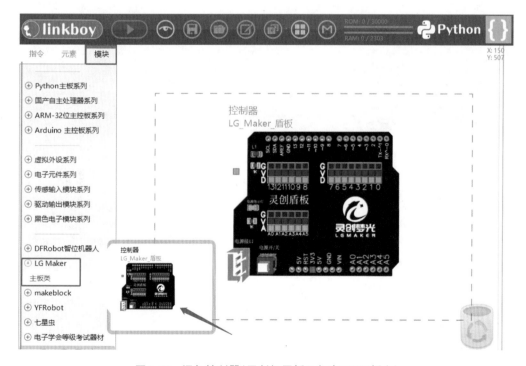

图 1-13　添加控制器(灵创拓展板已扣在 UNO 板上)

2. 选择多色灯模块

单击"模块"→"黑色电子模块系列"→"灯光输出类"→"多色灯",并把多色灯模块拖到工作台(图 1-14)。

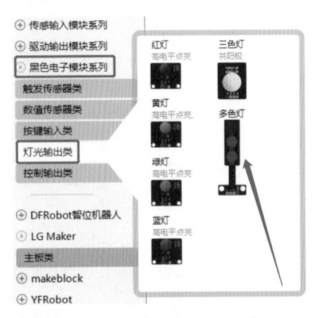

图 1-14　多色灯模块

3. 选择延时器

单击"模块"→"软件模块系列"→"定时延时类"→"延时器",并把延时器拖到工作台(图 1-15)。

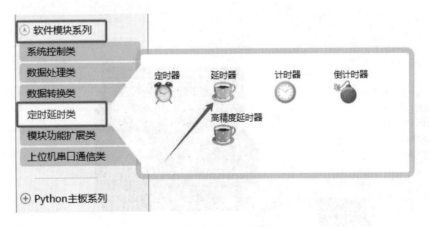

图 1-15　延时器

4. 模拟连线

将鼠标放在多色灯的接口上时,会出现很多条延伸到盾板上的虚线,这些虚线表示模块引脚可以连接此端口(图 1-16)。首先将鼠标光标移动到多色灯的 G 引脚,此时鼠标光标识别到端口,会出现一个黄色圆圈;然后在黄色圆圈处单击左键,出现一条彩色带箭头的虚线,移动鼠标光标到盾板的 D6 引脚,此时 D6 端口也会出现一个黄色圆圈;再次单击左键确认,虚线转变成实线,即表示此引脚接线完成。多色灯的 Y 引脚也使用同样方法连接 D5 数字端口,R 引脚连接 D4 数字端口,GND 引脚接到盾板上的 G4 端口。完整的模拟连线图如图 1-17 所示。

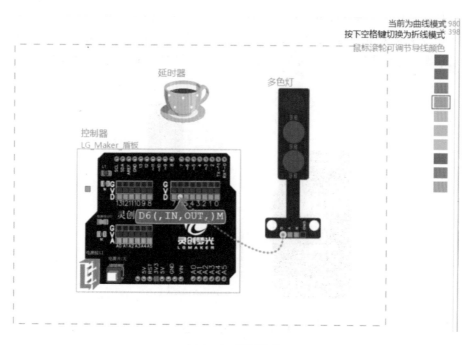

图 1-16　模拟连线

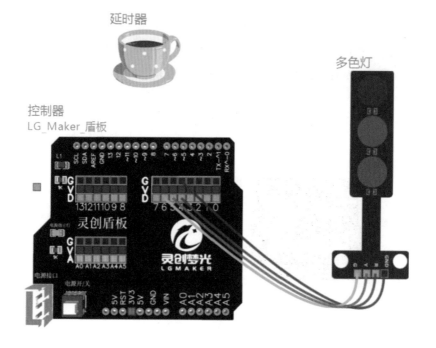

图 1-17　完整的模拟连线

小贴士

模拟接线介绍

模拟接线时默认为曲线模式,按下空格键可切换成折线模式(图 1-18)。当鼠标光标放在导线上时,导线会变成黄色,此时点击鼠标左键可在导线上添加折线拖点,点击鼠标右键可以删除此导线。连线过程中,如果相邻两根导线颜色相近,可以滚动鼠标滚轮,调节导线颜色。

图 1-18 模拟接线示意图

1.4.2　程序编写

鼠标单击盾板空白部分,会出现"初始化""反复执行"事件触发器,单击"初始化",出现如图 1-19 所示界面,控制器初始化和盾板由虚线连接。

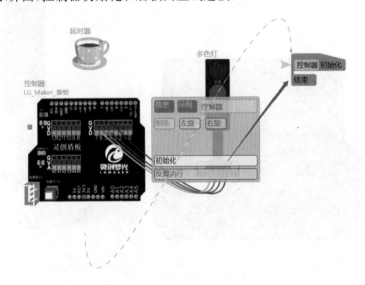

图 1-19　添加初始化事件触发器

将鼠标移到控制器初始化旁边时会出现红色箭头,鼠标单击一次,箭头就会出现模块类功能指令(图1-20)。

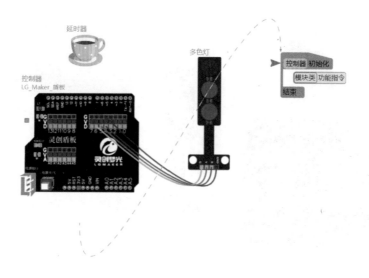

图 1-20　添加模块功能指令

模块类功能指令有 4 种添加方法:

(1)选择指令,鼠标左键单击"模块类功能指令",移动鼠标光标到空白处后即添加成功。

(2)鼠标左键点击"初始化"事件触发器左边的红色箭头,"模块类功能指令"自动添加到程序中。

(3)在空白处双击鼠标左键两次,"模块类功能指令"会自动出现。

(4)点击已有的"模块类功能指令"左侧红色箭头,新的"模块类功能指令"自动添加到当前模块下方(此方式属于指令复制)。

单击"模块类功能指令",在出现的指令编辑器中选择"多色灯"→"多色灯红灯点亮"指令(图1-21)。

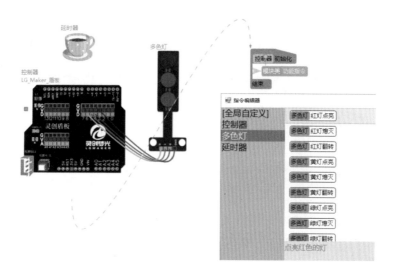

图 1-21　选择多色灯点亮

鼠标左键点击"多色灯红灯点亮"模块类功能指令左侧的红色箭头,复制上一个模块类功能指令(图1-22)。

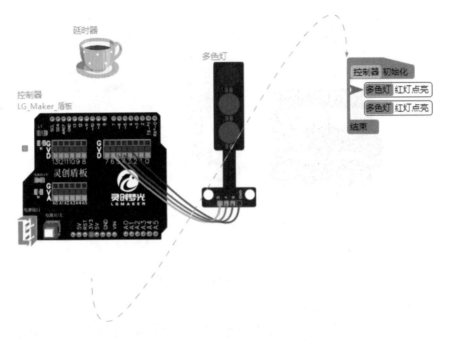

图1-22　复制模块类功能指令

单击第二个"多色灯红灯点亮"指令,进入指令编辑器,选择"延时器"→"延时器延时小数量秒"指令(图1-23),"小数量"值设为"15"。

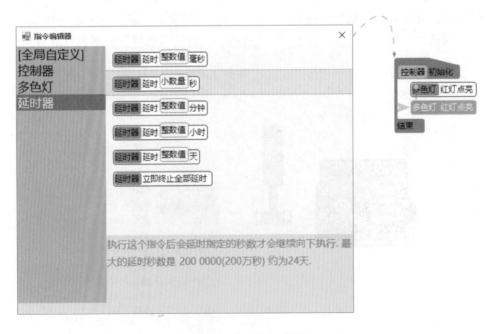

图1-23　添加延时器指令

小贴士

延时器介绍

众所周知,1 天 ＝ 24 小时,1 小时 ＝ 60 分钟,1 分钟 ＝ 60 秒,1 秒 ＝ 1000 毫秒。

程序运行的速度很快,对于简单的程序,每秒钟能够运行几十万次甚至上百万次。这个时候,我们需要用延时器(图 1-24)将程序在某个状态保持一段时间。

图 1-24　延时器图标

使用相同的方法,继续添加模块类功能指令,依次修改为"多色灯红灯熄灭""多色灯绿灯点亮""多色灯绿灯熄灭""多色灯黄灯点亮""多色灯黄灯熄灭",程序中的"延时器延时小数量秒"可以使用指令复制,完成图 1-25 所示的程序。

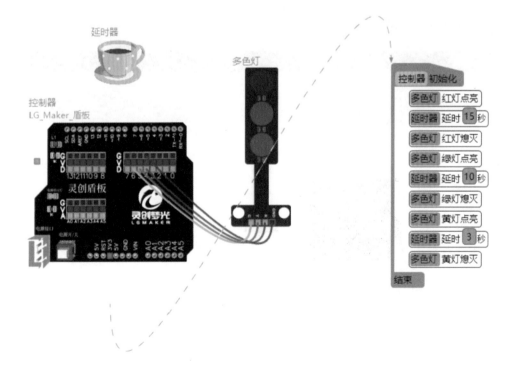

图 1-25　初始化程序

由于控制器初始化只会执行一次程序，上面的程序运行一遍就结束了，如果需要程序反复执行，需要单击"指令"→"反复执行"，并将其拖拽到工作台（图1-26）。

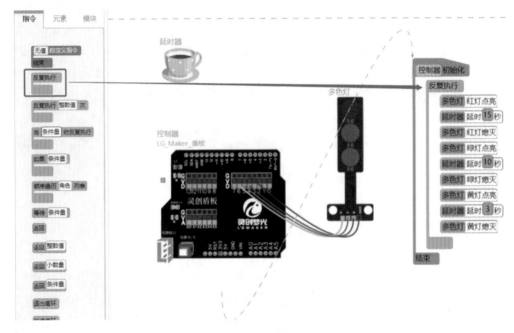

图1-26 添加反复执行

模拟仿真（图1-27）：点击仿真按钮，软件弹出保存文件弹窗，点击保存后，程序开始模拟运行。多色灯红灯亮15秒，熄灭后绿灯亮起，10秒后绿灯熄灭，黄灯接着亮3秒再熄灭，之后又重新回到红灯亮起，重新运行程序。

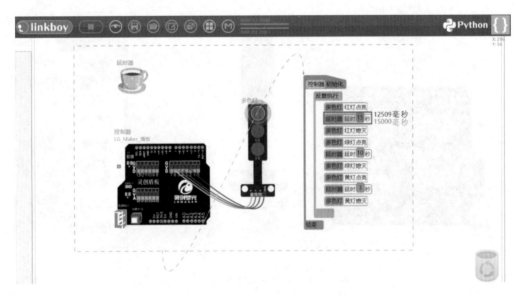

图1-27 模拟仿真

探究拓展

1.4.3　增加硬件

行人在过马路时,有时未注意红绿灯的变化而导致发生危险,那么能不能实现在变成黄灯时蜂鸣器发出"滴滴"报警的声音,从而避免危险发生呢?

单击"模块"→"驱动输出模块系列"→"声音输出类"→"蜂鸣器",将图 1-28 中箭头所指的蜂鸣器拖到工作台。

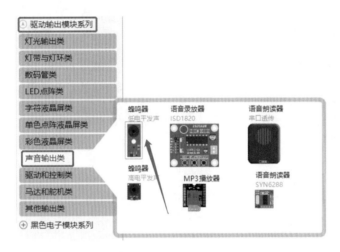

图 1-28　添加蜂鸣器

将蜂鸣器摆放到图 1-29 所示位置,VCC 引脚接盾板 V8 端口,I/O 引脚接盾板 D8 数字端口,GND 引脚接盾板 G8 端口。

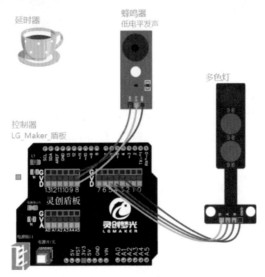

图 1-29　蜂鸣器连线

由于蜂鸣器需要实现"滴滴"报警的功能,因此蜂鸣器需要间断地进行发声和停止。添加四个模块类功能指令,将指令修改为"蜂鸣器发声""延时器延时 0.5 秒""蜂鸣器停止""延时器延时 0.5 秒"。滴一声需要消耗 1 秒,黄灯亮 3 秒,需要反复执行 3 次。从指令中找到"反复执行整数值次",并添加到程序中,将"整数值"修改为 3,如图 1-30 所示。

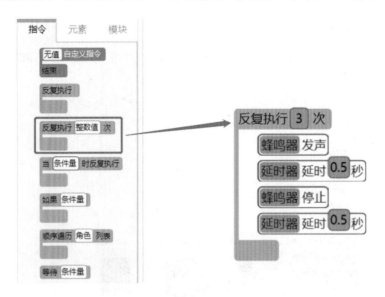

图 1-30　蜂鸣器发声程序

将"反复执行 3 次"放在"多色灯黄灯点亮"和"多色灯黄灯熄灭"之间,还可以将黄灯加入重复执行,变成闪烁模式,如图 1-31 所示。

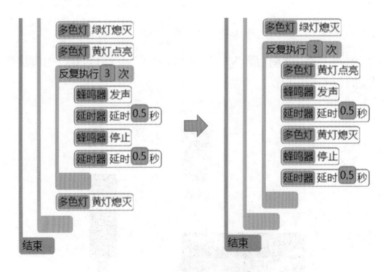

图 1-31　蜂鸣器发声程序

1.4.4　硬件搭建

参照程序中的接线图(图 1-32),使用母对母杜邦线将多色灯 G 引脚连接盾板的 D6 引脚,Y 引脚连接 D5 数字端口,R 引脚连接 D4 数字端口,G 引脚接 GND 上的 G4 端口;蜂鸣器也使用母对母杜邦线将 3 个引脚连接到盾板上。

母对母

公对母

公对公

图 1-32　三种不同类型的杜邦线

注意:接线过程中要将多色灯模块的 G、Y、R 引脚正确接到盾板上,如果连接错误,会导致灯不亮或者与程序设定的灯不同。蜂鸣器模块的 VCC 引脚和 GND 引脚正确接到盾板上的 V 引脚和 G 引脚,如果连接颠倒,会损坏模块。

1.4.5　安装

1．安装支撑座

选择 M3×8 螺钉(较长)4 颗,M3×15 尼龙柱(较长)4 个,按照图 1-33 所示,将尼龙柱安装在底板的四个拐角,安装时注意字面朝上(字面为螺丝安装面)。

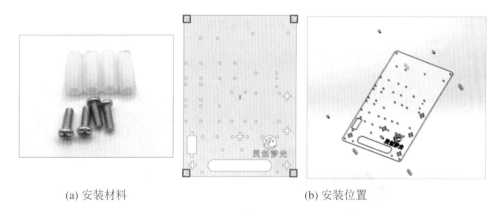

(a) 安装材料　　　　　　　　　　　　　　　(b) 安装位置

图 1-33　安装支撑座

2．安装电池盒

选择 M3×8 螺钉(较长)2 颗、M3 螺母 2 颗,按照图 1-34 所示,安装在底板上方,安装时注意电池盒开口朝向。

3．安装盾板

选择 M3×5 螺钉(较短)8 颗、M3×7 尼龙柱(较短)4 个,按照图 1-35 所示,首先将 4 颗螺钉和 4 个尼龙柱固定在四个孔位上,再把 UNO 板放在尼龙柱上,然后用 4 颗螺钉固定 UNO 板,最后将灵创拓展板对准 UNO 板上的引脚孔位插入。

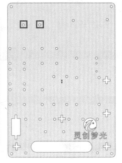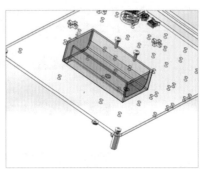

(a) 安装材料   (b) 安装位置

图 1-34　安装电池盒

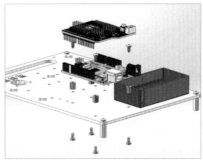

(a) 安装材料   (b) 安装位置

图 1-35　安装盾板

基础支架组装完成图如图 1-36 所示。

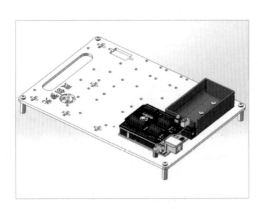

图 1-36　基础支架组装完成图

4. 安装多色灯

选择 M3×5 螺钉(较短)4 颗、M3×7 尼龙柱(较短)2 个、立板 1 个,按照图 1-37 所示,首先将 2 颗螺钉和 2 个尼龙柱固定在立板两个孔位上,然后把多色灯放在尼龙柱上,最后用 2 颗螺钉固定。

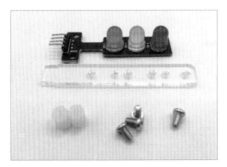

(a) 安装材料   (b) 安装位置

图 1-37　安装多色灯

5. 安装蜂鸣器

找出 M3×5 螺钉(较短)2 颗、M3×7 尼龙柱(较短)1 个,按照图 1-38 所示,首先将 1 颗螺钉和 1 个尼龙柱固定在底板孔位上,然后把蜂鸣器放在尼龙柱上,最后用 1 颗螺钉固定。多色灯支架也插入图示底板位置。

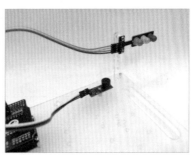

(a) 安装材料   (b) 安装位置

图 1-38　安装蜂鸣器

上述各步骤完成后,完整效果图如图 1-39 所示。

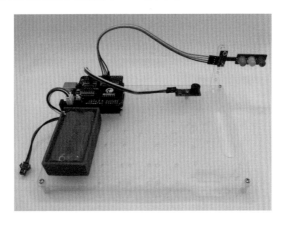

图 1-39　完整效果图

1.4.6 程序下载

将下载线一端插入 UNO 板上的方形 USB 接口，另一端插入电脑上的 USB 接口。点击软件界面左上角的"linkboy"程序下载按钮，弹出"arduino 串口下载器"窗口。点击"串口号"右侧的下拉列表框，找到连接 UNO 板的串口，如"COM3 USB-SERIAL CH340 (COM3)"（图 1-40）。注意要选择非 COM1 的串口，然后点击"开始下载"。下载完成后，我们就会看到 UNO 板上的指示灯开始闪烁。

图 1-40 串口选择

 小贴士

Arduino 程序下载问题解决办法

如果是第一次将 UNO 板连接到电脑，可能会出现找不到串口的情况。在此，我们要确认：如果采用的串口芯片为 CH340 的国内改进版的 UNO 板，我们只需要点下载器右下角的"查看自带驱动"，安装 linkboy 软件自带驱动即可；如果采用了其他串口芯片（如 ATmeg 16U2）的 UNO 板，则需要另外安装对应的驱动程序。

第 2 章　倒车感应雷达

　　将每秒钟振动的次数称为频率,它的单位是赫兹(Hz)。我们人类耳朵能听到的声波频率为 20~20000 赫兹。因此,我们把频率高于 20000 赫兹的声波称为"超声波",它的方向性好,穿透能力强,易于获得较集中的声能。超声波在生活中非常常见,你知道哪些超声波的应用呢？图 2-1 和图 2-2 是两个超声波示例 。

图 2-1　超声波示例 1

图 2-2　超声波示例 2

2.1 学 习 任 务

(1) 了解超声波测距模块的工作原理。
(2) 学习超声波测距模块的使用方法。
(3) 使用超声波测距模块完成倒车雷达的设计。

2.2 实 验 材 料

Arduino 主控板×1、LG 拓展板×1、USB 数据线×1、电池×1、四位数码管模块×1、超声波传感器×1、蜂鸣器模块×1、杜邦线若干。

2.3 知 识 准 备

2.3.1 电压、电流、接地

下面我们来分别讲述电压、电流的概念。为了同学们方便理解,这里用水来类比。

通俗地讲,电流是由导体中的自由电荷在电场力的作用下做有规则运动形成的。与电流类似,水的流动称为水流。在没有外力作用下,水流的方向总是向低处流动,这是因为有水位差的存在,如图 2-3 所示。同样,与水流类似,电荷的流动也是因为有电位差的存在,电位差通常称为电压。产生电流的三要素:① 电位差;② 能自由移动的电荷;③ 形成回路。

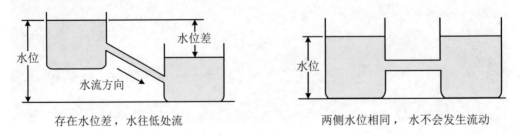

图 2-3 水流示意图

1. 电流

电流表示电荷流动的强度大小,电流的单位是安培(Ampere,A)。电流单位安培是比较大的单位,像智能手机耗电量较低,其电流通常采用毫安(mA)来表示(1 安培 = 1000 毫安),智能手机的工作额定电流大概为 200 毫安。

Arduino UNO 板中每个 I/O 口(输入/输出)引脚最大可以输出 40 毫安的电流。UNO 板控制器总的最大输出电流为 200 毫安。

2. 电压

电压又称为电势差,是指两点间的电位差。电压的单位是伏特(Volt,V)。相同电路条件下,电压越高,推动电荷运动的能力越大,电路中的电流也越大;反之,电压越低,推动电荷运动的能力越弱,电路中的电流就越小。

Arduino UNO 板控制器的工作电压是 5 伏特。此外,主板还提供 5 伏特和 3.3 伏特的电压输出。

3. 接地端

接地端(Ground,GND)代表地线或者零线。这个"地"并不是真正意义上的地,而是一个假设的地。通常把高电位称为正极,接地端位于电池低电位端而被称为负极。电路图中,电源的接地通常用符号⊤表示。

2.3.2　电阻、电阻器

1. 电阻

电阻是指导体阻碍电流通过的能力大小。导体通过电流时,会阻碍电流通过,不同导体阻碍电流通过的能力不同。类似于水流流经水管时,水管粗细程度不同,水流的流量也会不同。电阻的阻值单位是欧姆(Ω)。

2. 电阻器

电阻器是指具有不同电阻值的元器件。在电路中,电阻器可以降低和分散电子元器件所承受的电压,避免元器件损坏。电阻器通常简称为电阻。电阻没有极性,在电路图中,电阻的符号为 ▭ 。

2.3.3　欧姆定律

在纯电阻电路中,电压(U)、电流(I)和电阻(R)的关系,可以用欧姆定律来表示,即电流与电压成正比,与电阻成反比,如图 2-4 所示。

欧姆定律的应用:

(1) 同一个电阻,阻值不变,与电流和电压没有关系,但加在这个电阻两端的电压增大时,通过的电流也增大。

(2) 当电压不变时,电阻越大,则通过的电流就越小。

(3) 当电流一定时,电阻越大,则电阻两端的电压就越大。

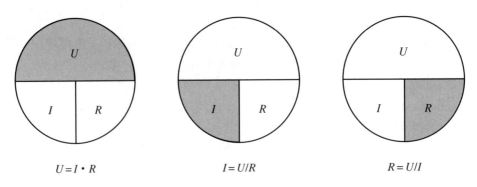

$$U = I \cdot R \qquad\qquad I = U/R \qquad\qquad R = U/I$$

图 2-4   电压、电流、电阻关系示意图

2.3.4　短路

电源与地之间不通过任何元器件,仅通过导线连接在一起,会造成电路短路。在短路发生时,因为电路中没有其他元器件,电阻阻值很低,根据欧姆定律,电路中的短时电流将会很大。电源和导线将电能量转换成光和热,转化非常剧烈,常常会发生火花,严重时会发生爆炸。

造成短路的原因很多,在加电之前,应使用万用表检查或者采用试触法检查,以确保电路中电源与地之间没有短路。

2.3.5　信号、模拟信号、数字信号

1. 信号(Signal)

信号是反映信息的物理量,信号的表现形式有很多,人在交流过程中的表情、手势、眼神、声音、语调等都是信号的某种表达方式,传递出相应的信息。此外,常见的温度、压力、流量等也是反映信息的物理量。

在电子电路系统中,可以通过传感器将各种非电的物理量转换成电信号,电信号很容易传送、控制和存储,所以电信号是目前应用较为广泛的信号之一。电子控制系统的主要作用是通过传感器接收外界信息,发送给 UNO 板控制器,控制器根据程序进行分析判断后,将命令输出给执行器执行。在这个过程中,信息和命令都是以电信号的形式传输和保存的。电信号形式多种多样,可以从不同角度进行分类。在电子电路中,一般将信号分为模拟信号和数字信号。

2. 模拟(Analog)信号

模拟信号是指在时间和数值上均具有连续性的信号。大多数的外界信号均为模拟信号,例如:气温、水龙头的流量、光的亮度等。如图 2-5(a)所示。

3. 数字(Digital)信号

数字信号是指在时间和数值上均具有离散性的信号。数字信号一般通过模拟信号转换而来。如图 2-5(b)所示。

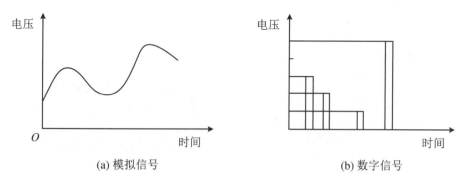

(a) 模拟信号　　　　　　　　　　(b) 数字信号

图 2-5 模拟信号、数字信号示意图

2.3.6 超声波传感器(超声波测距器)

倒车防撞雷达,简称倒车雷达,也叫泊车辅助装置,是汽车泊车或者倒车时的安全辅助装置,由超声波传感器(俗称探头)、控制器和显示器(或蜂鸣器)等部分组成。能以声音或者更为直观的显示告知驾驶员周围障碍物的情况,解除了驾驶员泊车、倒车和启动车辆时前后左右探视所引起的困扰,帮助驾驶员解决视线盲区和视线模糊的缺陷,提高驾驶的安全性。如图 2-6 所示。

图 2-6 倒车雷达示意图

科学家们利用超声波指向性强、能量消耗慢且在介质中传播的距离较远的特点研发出了超声波测距模块。

HC-SR04 超声波测距模块可提供 2～400 厘米的非接触式距离感测功能。测距精度可达到 3 毫米,感应角度一般不大于 15 度。整个模块包括超声波发射器、接收器与控制电路,如图 2-7 所示。

该模块一共有 4 个引脚:VCC、Trig(控制端)、Echo(接收端)、GND。需要注意以下几点:

(1) 此模块不宜带电连接,如果要带电连接,则先连接模块的 GND 端。

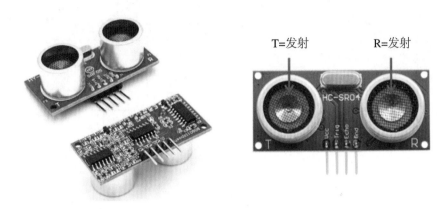

图 2-7　超声波传感器示意图

(2) 测距时,被测物体的面积不少于 0.5 平方米且尽量平整,否则会影响测试结果。

超声波传感器的工作原理如下:

(1) 给超声波模块接入电源和地。

(2) 给脉冲触发引脚(Trig)输入一个长为 20 微秒的高电平方波。

(3) 输入方波后,模块会自动发射 8 个 40 千赫的声波,与此同时回波引脚(Echo)端的电平会由 0 变为 1(此时应该启动定时器计时)。

(4) 当超声波返回被模块接收到时,回波引脚端的电平会由 1 变为 0(此时应该停止定时器计时);定时器记下的这个时间即为超声波由发射到返回的总时长。

(5) 根据声音在空气中的速度为 340 米/秒,即可计算出所测的距离(路程＝速度×时间),超声波传感器测距功能示意图如图 2-8 所示。

测试距离 ＝ (声速×高电平时间)/2

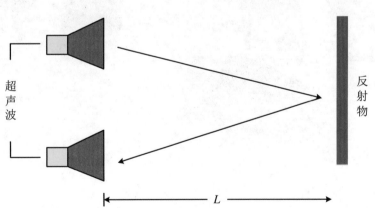

图 2-8　超声波传感器测距功能示意图

超声波传感器主要应用于倒车雷达、测距仪、物位测量仪、移动机器人的研制、建筑施工工地以及一些工业现场等(图 2-9)。

此外,利用超声波可以检查金属内部的情况,说明超声波能穿透金属,且能传递信息,如图 2-10(a)所示;用超声波可以清洗仪器、碗、碟,说明超声波具有一定的能量,如图 2-10(b)所示;利用超声波可以给病人做常规检查,说明超声波能传递人体内部信息,如图 2-10(c)所示。

图 2-9　超声波传感器的应用 1

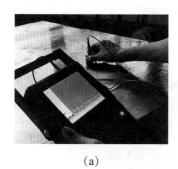
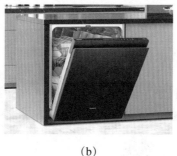
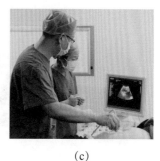

(a)　　　　　　　　　　　(b)　　　　　　　　　　　(c)

图 2-10　超声波传感器的应用 2

2.3.7　四位数码管

数码管,也称辉光管,是一种可以显示数字和其他信息的电子设备。按发光二极管单元连接方式可分为共阳极数码管和共阴极数码管两种。共阳极数码管是指将所有发光二极管的阳极接到一起形成公共阳极的数码管,共阳极数码管在应用时应将公共阳极接到 5 V 以上电压,当某一字段发光二极管的阴极为低电平时,相应字段就点亮,当某一字段的阴极为高电平时,相应字段就不亮。共阴极数码管是指将所有发光二极管的阴极接到一起形成公共阴极的数码管,共阴极数码管在应用时应将公共阴极接到地线上,当某一字段发光二极管的阳极为高电平时,相应字段就点亮,当某一字段的阳极为低电平时,相应字段就不亮,共阴极数码管引脚示意图如图 2-11 所示。

四位数码管模块(图 2-12)采用了 2 片 595 驱动,仅需要单片机 3 路 I/O 口,然后根据数码管动态扫描原理进行显示。四位数码管模块一共 5 个引脚,即 VCC、GNG、SLK、RLK、DIO,其中后三个接数字端口。

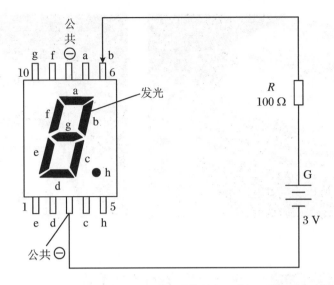

图 2-11　共阴极数码管引脚示意图

图 2-12　四位数码管模块

2.3.8　按键

按键是一种触发式元件,基础功能是断开、导通电路。这种按键有 4 个引脚(图2-13),初始状态下①-③、②-④不通,①-②、③-④导通;当按下按键时,①-②、③-④、①-③、②-④都导通。

按键模块(图 2-14)有 3 个引脚,VCC 接的是正极,GND 接的是负极,OUT(表示输出)接数字端口,主板会接收按钮从 OUT 发出的信号,经过盾板会输出给执行器,当按键松开时,主板接收不到信号,全部结束。

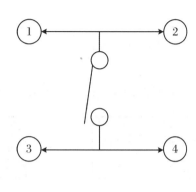

图 2-13　按键原理图

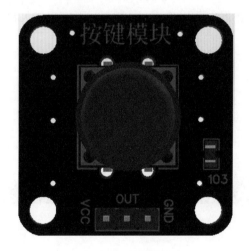

图 2-14　按键模块

2.4　制　作　流　程

 课堂小目标

（1）数码管实时显示到障碍物的距离。

（2）根据物体到障碍物的距离控制蜂鸣器发声的频率,即越靠近障碍物,蜂鸣发声越快,距离越远,发声越慢。

开始编程

2.4.1 思路设计

思路设计示意图如图 2-15 所示。

图 2-15 思路设计示意图

超声波测距模块将测量数据收集完成后通过电信号实时发送到开发板,开发板分析所测数据,再通过电信号控制蜂鸣器发声、停止时间,从而实现作品设计效果。

2.4.2 硬件模拟搭建

1. 选择主控板

单击"模块"→"LG Maker"→"主板类"→"控制器",并将图 2-16 中箭头所指的控制器拖到界面中央的工作台。

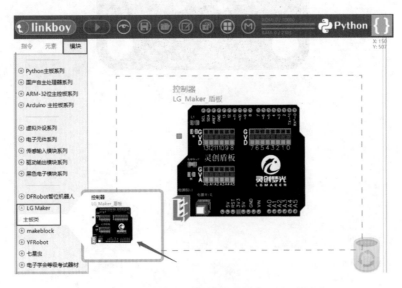

图 2-16 控制器(灵创拓展板已扣在 UNO 板上)

2. 选择超声波测距器

单击"模块"→"传感输入模块系列"→"探测传感器类"→"超声波测距器",并将图 2-17

中箭头所指的超声波测距器拖到工作台。

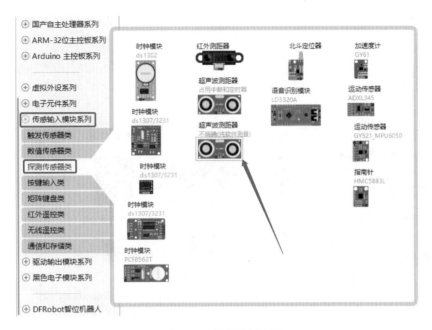

图 2-17　超声波测距器

3．选择四位数码管

单击"模块"→"驱动输出模块系列"→"数码管类"→"四位数码管（2 路 74HC595）"，并将图 2-18 中箭头所指的四位数码管拖到工作台。

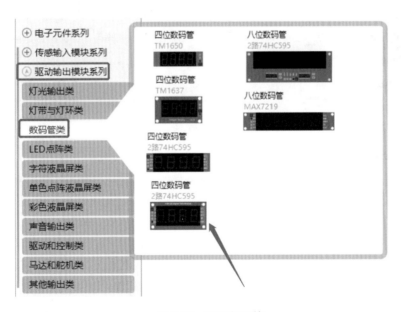

图 2-18　四位数码管

4．选择蜂鸣器模块

单击"模块"→"驱动输出模块系列"→"声音输出类"→"蜂鸣器（低电平发声）"，并将图

2-19 中箭头所指的蜂鸣器拖到工作台。

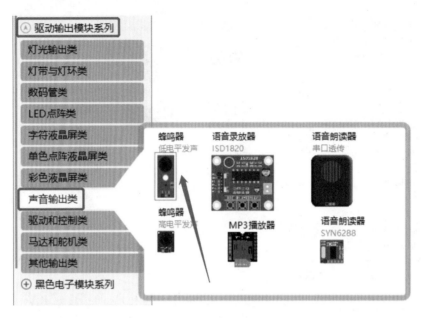

图 2-19　蜂鸣器

5．选择延时器

单击"模块"→"软件模块系列"→"定时延时类"→"延时器""定时器"，并将延时器和定时器拖到工作台（图 2-20）。

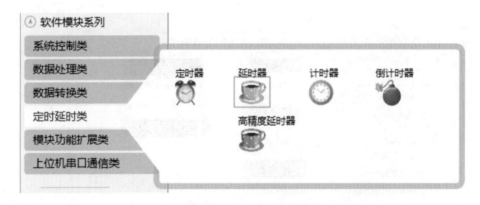

图 2-20　延时器和定时器

6．模拟连线

将蜂鸣器 I/O 信号管脚连接主控板的 D11 数字管脚，VCC、GND 管脚分别用导线连接主控板的 VCC、GND 管脚。超声波测距器 Trig 信号管脚连接主控板的 D9 数字管脚，Echo 信号管脚连接主控板的 D8 数字管脚，VCC、GND 管脚分别用导线连接主控板的 VCC、GND 管脚。将四位数码管的 SCLK 管脚连接主控板的 D7 数字管脚，RCLK 管脚连接主控板的 D6 数字管脚，DIO 管脚连接主控板的 D5 数字管脚，VCC、GND 管脚分别用导线连接主控板的 VCC、GND 管脚。模拟电路连线示意图如图 2-21 所示。

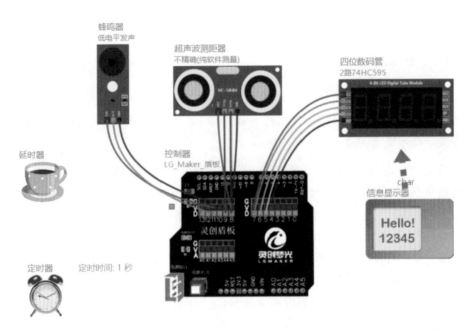

图 2-21　模拟电路连线示意图

2.4.3　程序编写

点击"定时器"模块,将定时时间由 1 秒修改为 0.1 秒,添加"时间到时"事件指令,首先将"信息显示器"清空,保证屏幕不显示任何数字,然后在第 1 行第 1 列向后显示超声波测得到障碍物的距离(图 2-22)。

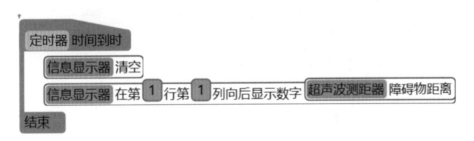

图 2-22　定时器"时间到时"

 小贴士 2.1

定时器介绍

定时器模块,当定时器到指定的时间间隔时会触发一个"定时器时间到"事件,然后继续从 0 开始计时,直到下一次触发事件,如此反复。注意:当系统启动时,定时器默认是启动状态。我们经常将其用作反复执行使用。

图 2-23　定时器图标

小贴士 2.2

信息显示器介绍

图 2-24 信息显示器图标

信息显示器是文字显示引擎,用来控制数码管、液晶显示屏等显示设备显示数字或者字母。

点击盾板空白部分,选取控制器"反复执行"事件触发器,在指令区中找到"如果'条件量'"指令,并将这个指令添加到反复执行指令内。点击"条件量",进入指令编辑器,选择运算中的"条件量并且条件量"。两个条件量分别修改为"超声波测距器障碍物距离<600""超声波测距器障碍物距离≥400"。如果超声波测的距离大于或等于 400 毫米并且小于或等于 600 毫米,那么蜂鸣器发声 0.5 秒,之后停止 0.5 秒。若第一次条件不成立则进行第二次判断,如果超声波测的距离大于或等于 200 毫米并且小于 400 毫米,那么蜂鸣器发声 0.3 秒,之后停止 0.3 秒。若第二次条件不成立则进行第三次判断,如果超声波测的距离小于 200 毫米,那么蜂鸣器发声 0.1 秒,之后停止 0.1 秒。若以上条件都不成立,则执行蜂鸣器停止发声 0.5 秒。程序如图 2-25 所示。

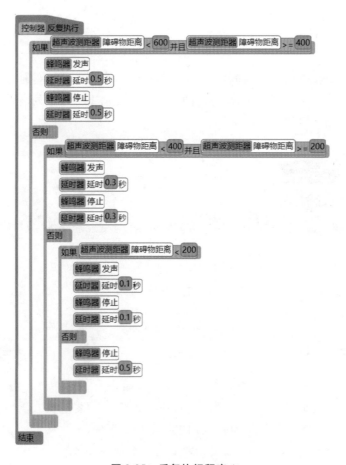

图 2-25 反复执行程序 1

注意：编写数值大小判断程序时"＜"必须在前面。

但此程序并不能很好地实现越靠近蜂鸣器响得越快的效果，有没有其他方法呢？

我们可以将超声波距离与时间结合，由于距离越近，时间越短，因此用算式将超声波距障碍物的距离转换成秒数。这样超声波传感器探测的距离就和蜂鸣器发声的延迟时间相关联，大大提高了作品效果的精确度。

点击"如果'条件量'"的"条件量"，进入指令编辑器，选择运算中的"条件量并且条件量"。两个条件量分别修改为"超声波测距器障碍物距离＜600""超声波测距器障碍物距离＞30"。如果超声波测的距离大于 30 毫米并且小于或等于 600 毫米，那么蜂鸣器发声的时间为"超声波测距器障碍物距离 ＊ 0.01 秒"，之后再停止"超声波测距器障碍物距离 ＊ 0.01 秒"。如果条件都不成立，则执行蜂鸣器停止发声 0.5 秒。程序如图 2-26 所示。

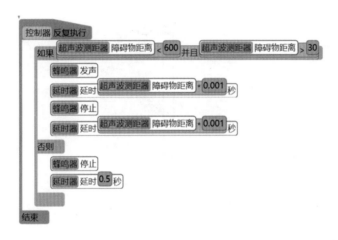

图 2-26　反复执行程序 2

模拟仿真：点击仿真按钮，程序开始运行，点击超声波测距器上的数值条，将数值调整为 30～600，此时四位数码管显示当前超声波测距器数值，同时蜂鸣器发出声音，随着数值的增加，蜂鸣器单次发声的时间也变长。如图 2-27 所示。

2.4.4　硬件搭建

参照程序中的接线图，使用母对母杜邦线将蜂鸣器 I/O 信号管脚连接盾板的 D11 引脚；超声波测距器 Trig 信号管脚连接盾板的 D9 引脚，Echo 信号管脚连接盾板的 D8 引脚；四位数码管的 SCLK 管脚连接盾板的 D7 引脚，RCLK 管脚连接盾板的 D6 引脚，DIO 管脚连接盾板的 D5 引脚；VCC、GND 管脚也用母对母杜邦线连接到盾板的 VCC、GND 引脚。

2.4.5　安装

1. 超声波支架安装

找出 M2×6 螺钉 2 颗、超声波支架 1 个，先将超声波模块按图 2-28 所示放入超声波支架（引脚向上），然后用螺钉把超声波支架固定在超声波模块上。

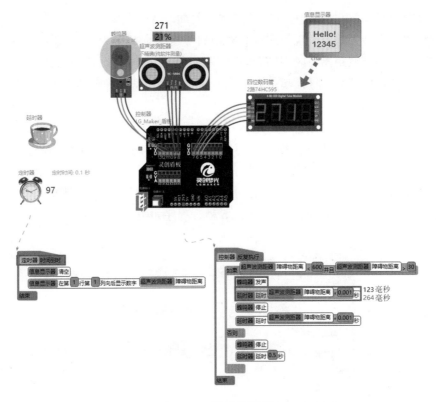

图 2-27　模拟仿真图

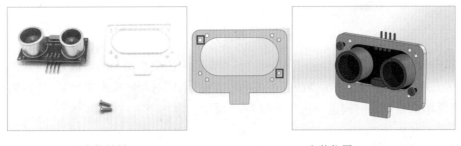

(a) 安装材料　　　　　　　　　　(b) 安装位置

图 2-28　超声波测距器安装

2. 四位数码管安装

找出 M3×5 螺钉(较短)4 颗、M3×7 尼龙柱(较短)2 个、立板 1 个,首先将 2 颗螺钉和 2 个尼龙柱按图 2-29 所示固定在立板两个孔位上,然后把四位数码管放在尼龙柱上,最后用 2 颗螺钉固定(注意底板下方无字)。

3. 蜂鸣器安装

找出 M3×5 螺钉(较短)2 颗、M3×7 尼龙柱(较短)1 个,按照图 2-30 所示,首先将 1 颗螺钉和 1 个尼龙柱固定在底板孔位上,然后把蜂鸣器放在尼龙柱上,最后用 1 颗螺钉固定。超声波支架和四位数码管也插入图示底板位置(注意火焰报警器一定要放在图中位置,方便后期测试)。

(a) 安装材料　　　　　　　　　　　　　(b) 安装位置

图 2-29　超声波测距器安装

(a) 安装材料　　　　　　　　　　　　　(b) 安装位置

图 2-30　蜂鸣器安装

6. 程序下载

在"arduino 串口下载器"窗口,点击"串口号",选择相应的串口号,然后点击"下载",下载成功后,检测实物运行效果。

 探究拓展

什么时候倒车雷达应该启动呢? 想一想相关程序该怎么写。

当倒车时,倒车雷达才会启动,添加按键模块,按下时表示开启倒车。

单击"模块"→"传感输入类模块系列"→"按键输入类"→"红按钮",并将图 2-31 中箭头所指的红按钮拖到工作台。

将红按钮的 IN 引脚连接主控板的 D3 数字管脚,VCC、GND 管脚分别用导线连接主控板的 VCC、GND 引脚(图 2-32)。

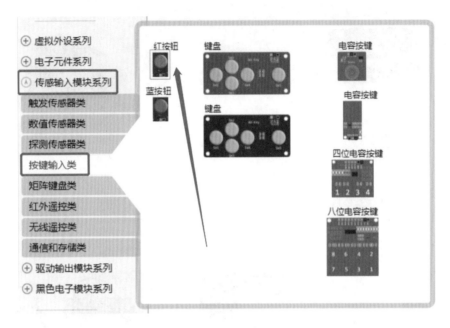

图 2-31 红按钮

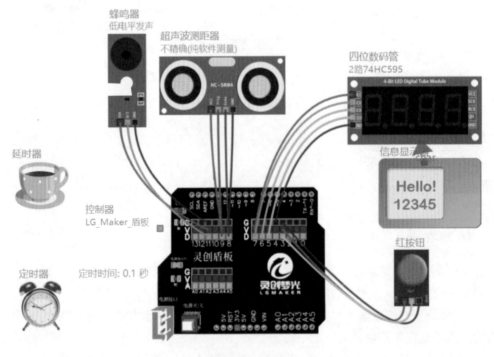

图 2-32 连线

只有当按下按键时超声波模块才开始工作,所以程序开始运行时定时器和超声波模块禁止运行。我们需要添加"初始化"事件触发器,并禁用"定时器-时间到时"和"控制器-反复执行",如图 2-33 所示。

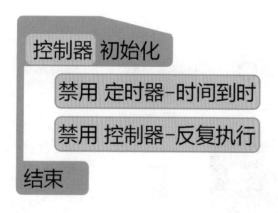

图 2-33　初始化程序

　　点击"红按钮",添加"当红按钮按下时"指令,当"红按钮"按下时,启用"定时器-时间到时"和"控制器-反复执行",启动超声波模块和定时器功能,并等待 0.5 秒。从指令区添加"等待'条件量'"指令,将"条件量"修改为"红按钮按下"。等待红按钮再一次按下时,重新禁用"定时器-时间到时"和"控制器-反复执行",将信息显示器清空,等待 0.5 秒后程序结束。程序如图 2-34 所示。

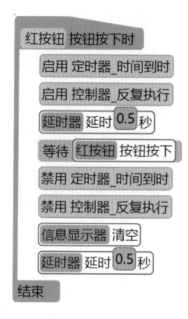

图 2-34　"红按钮"程序

　　模拟仿真:点击"仿真按钮",程序开始运行,点击"红按钮"后,定时器和超声波模块开始工作,调整超声波测距器上的数值条,此时四位数码管显示当前超声波测距器数值,同时蜂鸣器发出声音,随着数值的增加,蜂鸣器单次发声的时间也变长。再一次点击"红按钮",定时器和超声波模块停止工作,数码管清空。总程序模拟仿真示意图如图 2-35 所示。

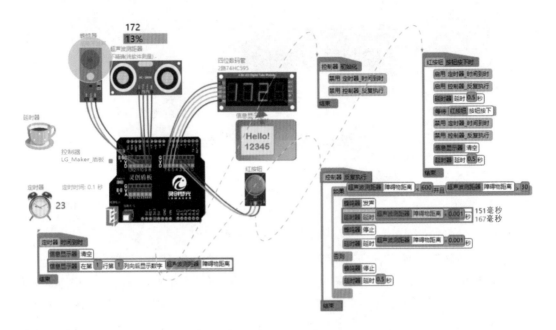

图 2-35　总程序模拟仿真

第 3 章　火灾报警器

随着现代家庭用气量、用电量的增加,在我国的一些大中城市,家庭火灾发生的频率越来越高,如果处置不当或报警迟缓,最终会导致家破人亡,有的还连累左邻右舍。所以防火是每个家庭必须时刻注意的问题。假如能根据家中的实际情况预先采取简单的防火措施,可以有效避免悲剧的发生。

消防部门的统计显示,在所有的火灾类型中,家庭火灾已经占到全国火灾总数的30%左右。而发生家庭火灾的主要原因是防火意识淡薄,没有及时采取预防措施。

烟雾报警器是防止火灾重要的手段之一,在火灾初起时烟雾会积聚在室内天花板下,烟雾报警器能够实时监视探测烟雾的存在,每45秒左右对环境进行周期性检测,其原理是通过内部智能处理器感应离散光源、微小的烟粒和气雾来检测,一旦检测到烟雾,立刻通过内置的专用IC驱动电路和外部压电式换能器输出报警声,使人们及早得知火情,将火灾扑灭在萌芽状态。

烟雾传感器采用三种传感器,即离子式烟雾传感器、光电式烟雾传感器、气敏式烟雾传感器(图3-1)。

(a) 离子式烟雾传感器　　(b) 光电式烟雾传感器　　(c) 气敏式烟雾传感器

图 3-1　三种烟雾传感器

3.1　学 习 任 务

(1) 认识火焰报警器。

(2) 认识 MQ-2 烟雾传感器,了解 MQ-2 烟雾传感器的工作方式。

(3) 学习使用输入端口。

(4) 设计制作一个火灾报警装置。

3.2 实验材料

Arduino 主控板×1、LG 拓展板×1、USB 数据线×1、电池×1、火焰报警器×1、MQ-2 烟雾传感器×1、蜂鸣器×1、红灯×1、杜邦线若干。

3.3 知识准备

3.3.1 火焰报警器

火焰报警器(图 3-2)是专门用来搜寻火源的传感器,也可以用来检测光线的亮度,只是它对火焰的感知特别灵敏。

1. 模块特性

火焰报警器主要是利用红外线对火焰非常敏感的特点,使用特制的红外线接收管来检测火焰,然后把火焰的亮度转化为高低变化的电信号,再输入到中央处理器进行处理,最后中央处理器根据信号的变化作出相应的程序处理。

2. 引脚说明

火焰报警器模块有三引脚版和四引脚版,三引脚版的火焰报警器中 VCC 接电源正极接口,可外接 3.3~5 伏特供电电源,GND 接电源负极接口,DO(Digital Output)接数字信号输出端口;四引脚版的火焰报警器多出一个 AO 引脚接模拟信号输出端口。火焰报警器引脚示意图如图 3-3 所示。

图 3-2 火焰报警器

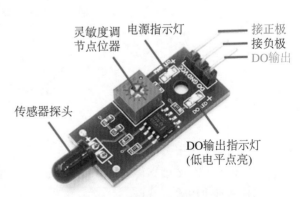

图 3-3 火焰报警器引脚示意图

3. 火焰检测

火焰报警器可以检测火焰及波长在 760～1100 纳米范围内的光源；传感器与火焰要保持一定距离，以免高温损坏传感器，对打火机测试火焰的距离为 80 厘米；火焰越大，火焰报警器测试距离越远。其探测角度为 60 度左右。

4. 灵敏度调节

模块中蓝色的电位器用于调节灵敏度。

3.3.2 MQ-2 烟雾传感器

MQ-2 烟雾传感器（图 3-4）使用的气敏材料是在清洁空气中电导率较低的二氧化锡（SnO_2）。当所处的环境中存在烟雾颗粒时，传感器的电导率随空气中烟雾颗粒浓度的增加而增大，使用简单的电路即可将电导率的变化转换为与该气体浓度相对应的输出信号。

图 3-4 MQ-2 烟雾传感器

1. 模块特性

MQ-2 烟雾传感器可检测多种可燃性气体，对烟雾以及部分可燃气体丙烷、氢气的灵敏度高，对天然气和其他可燃气体的检测也很理想。

2. 阈值调节

模块中蓝色的电位器用于调节阈值，顺时针旋转阈值会越大，逆时针旋转会越小。

3. 烟雾检测

当可燃气体浓度小于指定的阈值时，DO 输出高电平；当可燃气体浓度大于指定的阈值时，则输出低电平。

4. 引脚说明

MQ-2 烟雾传感器模块有 4 个引脚，VCC 接电源正极接口，可外接 3.3～5 伏特供电电源，GND 接电源负极接口，可外接电源负极或地线、DO（Digital Output）开关信号和 AO 模拟信号两个输出端口。DO 输出的有效电平为低电平，即输出低电平时信号灯点亮。MQ-2 烟雾传感器引脚示意图如图 3-5 所示。

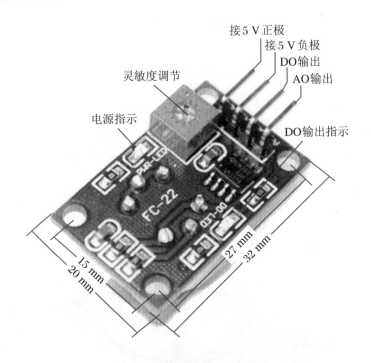

图 3-5　MQ-2 烟雾传感器引脚示意图

注意：传感器在通电后，需要预热 20 秒左右，测量数据才稳定，传感器发热属于正常现象，因为内部有电热丝，如果烫手就不正常，需要及时检查线路连接是否正确。

3.4　制 作 流 程

 课堂小目标

（1）火焰报警器能够检测火焰。

（2）检测到火焰后，蜂鸣器和红灯会发出警报。

开始编程

3.4.1　思路设计

火焰报警器思路设计示意图如图 3-6 所示。

图 3-6　思路设计示意图

3.4.2　硬件模拟搭建

1. 选择主控板

单击"模块"→"LG Maker"→"主板类"→"控制器",并将图 3-7 中箭头所指的控制器拖到界面中央的工作台。

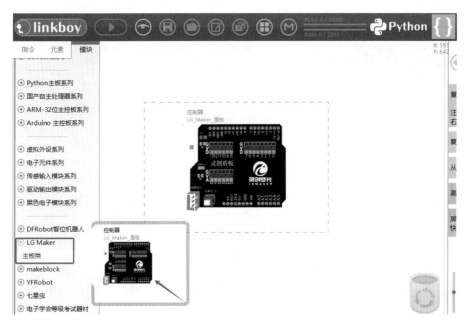

图 3-7　控制器

2. 选择火焰报警器模块

单击模块→传感输入模块系列→触发传感器类→火焰报警器,并将图 3-8 中箭头所指的 MP3 播放器拖到工作台。

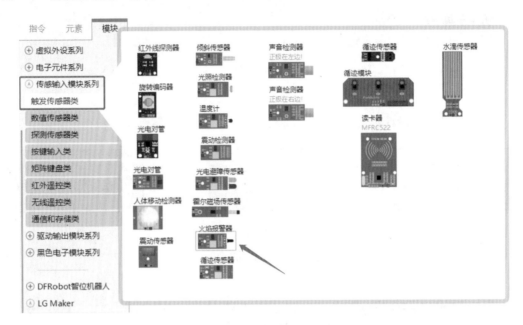

图 3-8　火焰报警器模块选择界面

3．选择蜂鸣器模块

单击"模块"→"驱动输出模块系列"→"声音输出类"→"蜂鸣器"，并将图 3-9 中箭头所指的蜂鸣器拖到工作台。

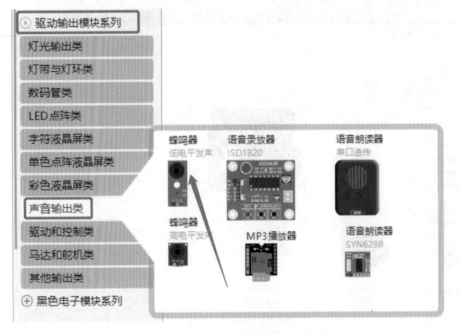

图 3-9　蜂鸣器模块选择界面

4．选择红灯模块

单击"模块"→"黑色电子模块系列"→"灯光输出类"→"红灯"，并将图 3-10 中箭头所指的面包板和扬声器拖到工作台。

图 3-10　红灯模块选择界面

5．选择延时器

单击"模块"→"软件模块系列"→"定时延时类"→"延时器"，并将延时器拖到界面工作台。如图 3-11 所示。

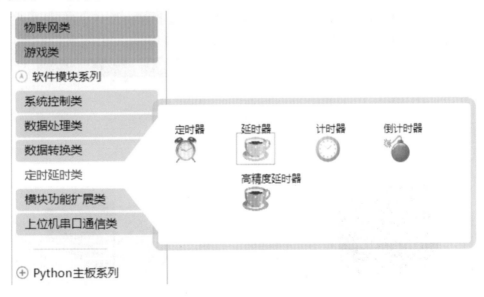

图 3-11　延时器选择界面

6. 模拟连线

将蜂鸣器 I/O 信号管脚连接主控板的 D6 数字管脚，VCC、GND 管脚分别用导线连接主控板的 VCC、GND 管脚。红灯的 IN 管脚连接主控板的 D9 数字管脚，VCC、GND 管脚分别用导线连接主控板的 VCC、GND 管脚，将火焰报警器的 DAT 管脚连接主控板的 D11 数字管脚，VCC、GND 管脚分别用导线连接主控板的 VCC、GND 管脚。模拟电路连接示意图如图 3-12 所示。

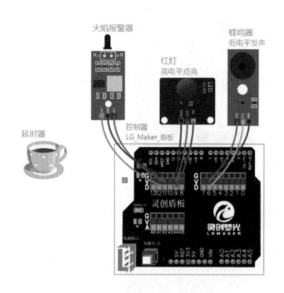

图 3-12　模拟电路连接示意图

3.4.3　程序编写

点击控制器空白区域，选取控制器"重复执行"事件触发器；在指令区中找到"如果'条件量'"指令，并将这个指令添加到重复执行指令内。如图 3-13 所示。

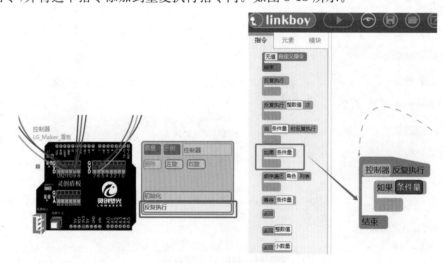

图 3-13　添加指令界面

完整程序如图 3-14 所示。"条件量"为"火焰报警器探测到火焰",满足条件时,蜂鸣器发声、红灯点亮,延时器延时 0.2 秒,之后蜂鸣器停止、红灯熄灭,再将延时器延时 0.2 秒。

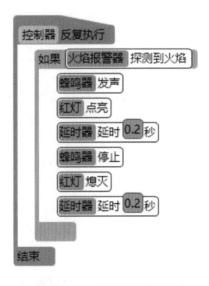

图 3-14　火焰报警器播放程序

1. 模拟仿真

点击"仿真"按钮,程序开始运行,点击火焰传感器上的黑色探头,红灯和蜂鸣器出现如图3-15 所示闪烁的光圈,电脑发出模拟蜂鸣器的声音,右侧程序中出现红色方框。

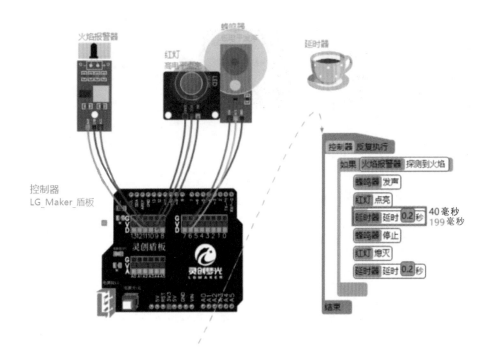

图 3-15　火焰报警器仿真示意图

探究拓展

3.4.4 增加硬件

在前面的程序中我们设置了火焰报警器探测到火焰发出警报,现在再加上 MQ-2 烟雾传感器,使整个报警器更加灵敏,即当 MQ-2 烟雾传感器感应到了烟雾后可以"滴滴"地报警,红灯闪烁。这该去如何实现呢?

首先,从软件中添加 MQ-2 烟雾传感器,这个时候会发现在触发、数值、探测传感器类中并没有烟雾传感器,针对这种情况我们该如何解决呢?

这个时候我们就需要添加一个输入端口:单击"模块"→"虚拟外设系列"→"功能拓展类"→"输入端口",并将输入端口拖到界面工作台。模拟连线图如图 3-16 所示,输入端口连接 D4 数字管脚。

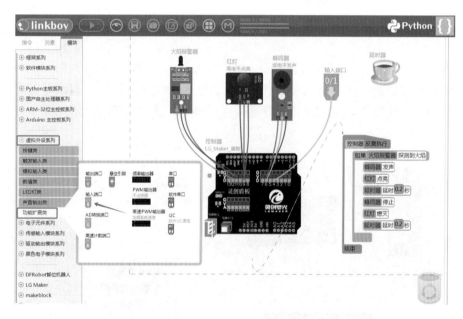

图 3-16　输入端口连线图

小贴士

图 3-17　输入端口图标

输入端口介绍

输入端口可以为软件上没有相应模块的传感器提供相应的模拟。

若我们采用的是数字端口的话,就可以使用输入端口。当外部拉低端口电平时,则触发"电平变低事件";当外部拉高电平时,则触发"电平变高事件"。

我们通常采用"读取端口电平状态"获取状态。当电平为低电平时，返回 0；当电平为高电平时，返回 1。

由于探测到火焰或者烟雾都会触发报警，因此选择"或"运算可以减少程序编写的长度。执行"或"运算时，两个条件中只要有一个满足即为真，只有当两个条件都不满足时才为假。选择之前程序中的"火焰报警器探测到火焰"，在指令编辑器窗口中点击"运算"，选择"条件量或者条件量指令"，如图 3-18 所示。

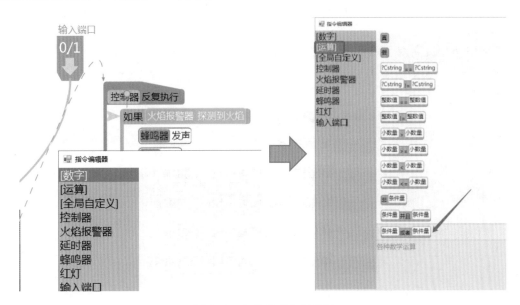

图 3-18　条件量或者条件量

点击左侧条件量，进入指令编辑器，选择"输入端口"，点击"输入端口读取端口电平状态"，之后指令编辑器会显示"输入端口读取端口电平状态"与"整数量"的判断。选择"读取端口电平状态＝＝整数值"指令，并对整数值进行赋值，当烟雾传感器检测到的数值大于指定的阈值时，则输出低电平，因此赋值为 0。如图 3-19 所示。

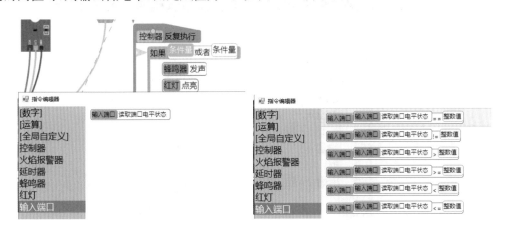

图 3-19　输入端口条件量

小贴士

判断指令介绍

"＝＝"表示的意义：用来判断这个符号两边的结果是不是相等。如果两个值相等，那么就会执行后面的程序流程。

"！＝"表示的意义："不等于"，即判断两边不相等，如果两个值不相等，那么就会执行后面的程序流。

"＝"是赋值运算符，即将一个数值赋予给前面的一个变量。

判断指令界面如图 3-20 所示。

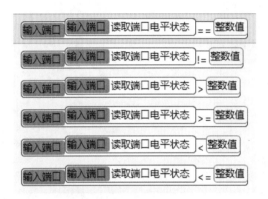

图 3-20　判断指令界面

将右侧条件量设置为"火焰报警器探测到火焰"，后面的执行程序保持不变，依次是蜂鸣器发声、红灯点亮、延时器延时 0.2 秒、蜂鸣器停止、红灯熄灭、延时器延时 0.2 秒。完成后，点击"仿真"按钮进行仿真测试。如图 3-21 所示。

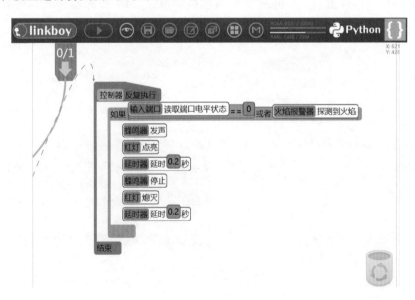

图 3-21　完整程序

3.4.5　硬件搭建

参照程序中的接线图,使用杜邦线将火焰报警器的 3 个引脚接到 11 号引脚,红灯接到 9 号引脚,蜂鸣器接到 6 号引脚,烟雾传感器接到 4 号引脚。

注意:接线过程中要将模块的 VCC 引脚和 GND 引脚正确地接到盾板上的 V 引脚和 G 引脚,如果连接颠倒,会导致模块损坏。

3.4.6　安装

找出 M3×5 螺钉 12 颗、M3×7 尼龙柱 6 个,采用对角安装方式固定红灯,首先将两个尼龙柱用螺钉固定在图 3-20 所示位置,然后用螺钉把按钮与尼龙柱进行固定;蜂鸣器、火焰报警器、MQ-2 烟雾传感器也使用同样的安装方式,安装在图 3-22 所示位置,方便测试。

(a) 安装材料　　　　　　　　　　(b) 火焰报警器安装位置

图 3-22　硬件组装图

3.4.7　程序下载

在"arduino 串口下载器窗口,点击"串口号",选择相应的串口号,然后点击"下载",下载成功后,检测实物运行效果。

第4章 声光控灯

路边的路灯(图4-1)都是什么时候才会亮？是人为控制的还是自动打开的呢？

图 4-1 路灯

光控灯是利用光控技术发明出来的智能灯,它与普通灯的区别在于其能够根据光线变化来进行自我调节,给人们的生活带来便利。

光控灯广泛用于路灯照明。之前使用的普通路灯存在着很多缺陷,比如换季时,水电工需要及时调整路灯的开关时间,由于灵活性较差,因此会浪费较大的电量;遇上下雨天,经常会出现天黑灯不亮的状况,而晴天,又会有天亮灯也亮的状况,不仅造成浪费了电量,还影响道路上的车辆行驶,存在一定的安全隐患。而光控路灯,可以弥补这些缺陷。

图 4-2 声控灯泡

除了道路照明之外,随着光控技术的逐渐成熟,光控开关开始被运用在生产生活中的各个方面,如摄影机、监视器、电动窗帘等科技产品,都实现了与光控技术的巧妙结合。相信在不久的将来,光控技术一定会为我们带来更多的惊喜。

除了光控灯,生活中还广泛存在另一种智能灯——声控灯。智能声控灯是一种可以通过声音控制开关的电子照明装置,开灯比较方便。大家应该常常可以看见安装在楼道里的声控灯(图4-2)。

现在很多地方其实都可以使用智能声控灯进行照明,尤其是家里有老人、孩子的,行动不是那么灵敏,大晚上只需要拍下手或咳嗽一声就能亮灯,不用在黑暗中摸索开关,既方便又安全,还节省电。

声光控灯(图 4-3)结合了声控灯和光控灯的特点,更加方便了人们的生活。其内部有延时自动控制、内置声音感应元件,以及光效感应元件装置。白天光线较强时,受光控控制,有声响也不通电开灯;当傍晚环境光线变暗后,开关自动进入待机状态,有说话声、脚步声等声响时,会立即通电,亮灯,持续 30 秒后自动断电。

图 4-3　声光控灯

使用声光控灯,既可避免摸黑找开关造成的摔伤碰伤,又可杜绝楼道灯有人开、没有人关的现象,并且可以节约大量的电能。

4.1　学 习 任 务

(1) 认识光照传感器和声音传感器的使用方法。
(2) 学习"并且"语句的使用。
(3) 完成声光控灯的设计。

4.2　实 验 材 料

Arduino 主控板×1、LG 拓展板×1、USB 数据线×1、电池×1、光照传感器×1、声音检测器×1、四位数码管×1、蓝灯×1、杜邦线若干。

4.3　知　识　准　备

4.3.1　声音检测器

声音检测器(图 4-4)的作用相当于一个话筒。它用来接收声波,显示声音的振动图像,但不能对噪声的强度进行测量。该传感器内置一个对声音敏感的电容式驻极体话筒。声波使话筒内的驻极体薄膜振动,导致电容的变化,从而产生与之对应变化的微小电压。这一电压随后被转化成 0~5 伏特的电压,经过 A/D 转换被数据采集器接收,并传送给计算机。

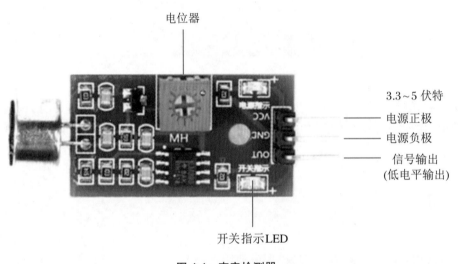

图 4-4　声音检测器

1. 特点

声音模块对环境声音强度最敏感,一般用来检测周围环境的声音强度。模块在环境声音强度达不到设定阈值时,OUT 口输出高电平;当外界环境声音强度超过设定阈值时,则 OUT 口输出低电平。小板数字量输出 OUT 可以与单片机直接相连,通过单片机来检测高低电平,由此来检测环境的声音。

注意:此传感器只能识别声音的有无(根据震动原理),不能识别声音的大小或者特定频率的声音。

2. 模块调整

将模块放置在安静环境下,调节板上蓝色电位器,直到板上开关指示灯亮,然后往回微调,直到开关指示灯灭。然后在传感器附近产生一个声音(如击掌),若开关指示灯再回到点亮状态,说明声音可以触发模块。

声音传感器模块有 3 个管脚,VCC 接主控板上的 VCC 管脚,GND 接主控板上的 GND 管脚,OUT 接入数字管脚。

4.3.2　光敏电阻

光敏电阻(图 4-5)是利用硫化镉或硒化镉等半导体材料的光电效应制成的一种电阻,随入射光的强弱而改变。

光照愈强,阻值就愈低,随着光照强度的升高,电阻值迅速降低,光敏电阻对光线十分敏感,光强则电阻减小,光弱则电阻增大。

光敏电阻的基本原理是光电效应。在光敏电阻两端的金属电极之间加上电压,其中便有电流通过;若受到适当波长的光线照射,电流就会随光强的增大而变大,从而实现光电转换。

光敏电阻没有极性,在连接电路时,可随意放置。

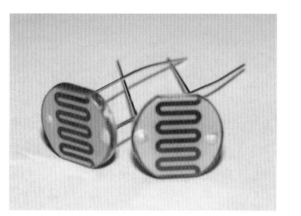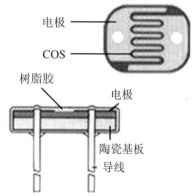

电极

COS

树脂胶

电极

陶瓷基板

导线

图 4-5　光敏电阻

4.3.3　光照传感器

光照传感器模块(图 4-6)共 4 个端口,分别是 VCC、GND、DO、AO,其中 DO 为数字输出端口,AO 口为模拟量输出口,AO 和 DO 只能根据需要接一个,如果只需要判断有无光线,则用 DO 管脚连接主控板数字输入管脚;如果需要具体光照模拟数值,则需要将 AO 接在主控板的 AO~A5 中任意一个即可。

当 DO 输出端与单片机直接相连时,通过单片机来检测高低电平,由此来检测环境的光线亮度改变。当环境光线亮度达不到设定阈值时,DO 端输出高电平;当外界环境光线亮度超过设定阈值时,DO 端输出低电平。

模拟量输出口 AO 可以获得环境光强更精准的数值。

注意:电源极性不能接反,否则会将芯片烧坏。

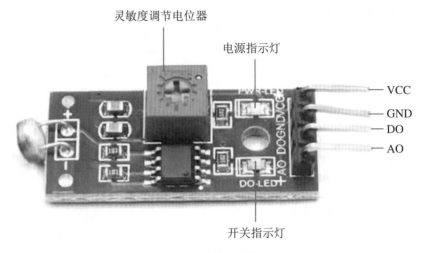

灵敏度调节电位器

电源指示灯

VCC
GND
DO
AO

开关指示灯

图 4-6　光照传感器模块

4.3.4　LED 灯模块

　　LED 灯又叫作发光二极管(图 4-7),由含镓(Ga)、砷(As)、磷(P)、氮(N)等的化合物制成。发光二极管与普通二极管一样,由一个 PN 结组成,具有单向导电性,可以认为电流通过它只能按一个方向跑。当给发光二极管加上正向电压后,从 P 区注入到 N 区的空穴和由 N 区注入到 P 的电子,在 PN 结附近数微米内分别与 N 区的电子和 P 区的空穴复合,产生自发辐射的荧光。不同的半导体材料中,电子和空穴所处的能量状态不同。当电子和空穴复合时,释放出的能量会有所不同,释放出的能量越多,则发出的光的波长越短。常用的是发红光、绿光或黄光的二极管。它有两个引脚,长的是正极,短的是负极,只有正负极连接正确才会发光。连接不对无法点亮,会损坏。

　　LED 模块(图 4-8)有 3 个引脚,VCC 接的是正极,GND 接的是负极,只有 IN(表示输入)接高电平(正极)时 LED 灯模块才会点亮。其他颜色的灯模块的原理也是如此。若 3 个端口连接错误则无法点亮,严重时会损坏。

图 4-7　发光二极管

图 4-8　LED 灯模块

4.4　制 作 流 程

课堂小目标

(1) 完成当前光照值的测量显示。

(2) 当光照强度小于 200 时，蓝灯点亮 3 秒后熄灭。

(3) 当光照强度小于 200 并且感应到有声音时，蓝灯点亮 3 秒后熄灭。

开始编程

4.4.1　硬件模拟搭建

1. 选择主控板

单击"模块"→"LG Maker"→"主板类"→"控制器"，并将图 4-9 中箭头所指的控制器拖到界面中央的工作台。

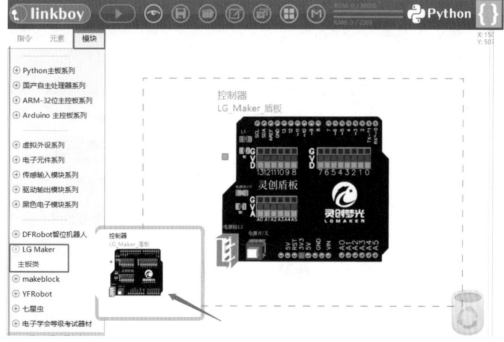

图 4-9　控制器

2．选择光照传感器

单击"模块"→"传感输入模块系列"→"数值传感器类"→"光照传感器"，将图 4-10 中箭头所指的光照传感器拖到工作台。由于软件中没有和实物相同带 AO 管脚的模块，因此选取图中的光照传感器，但是效果相同。当环境光线从特别黑暗变化到非常亮时，光线强度就会从最小值变化到最大值。

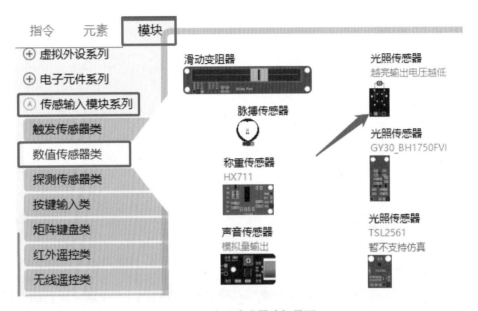

图 4-10　光照传感器选择界面

3．选择声音检测器

单击"模块"→"传感输入模块系列"→"触发传感器类"→"声音检测器"，注意选择正极在右边的检测器，然后将图 4-11 中箭头所指的声音检测器拖到工作台。

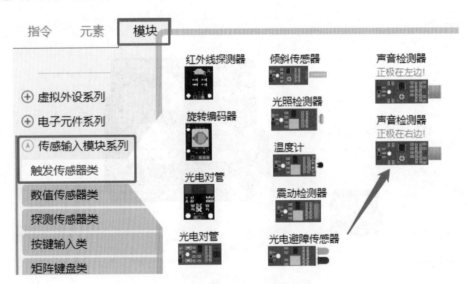

图 4-11　声音检测器选择界面

4. 选择四位数码管

单击"模块"→"驱动输出模块系列"→"数码管类"→"四位数码管",并将图 4-12 中箭头所指的四位数码管拖到工作台。

图 4-12　四位数码管选择界面

5. 选择蓝灯

单击"模块"→"黑色电子模块系列"→"灯光输出类"→"蓝灯",并将图 4-13 中箭头所指的蓝灯拖到工作台。

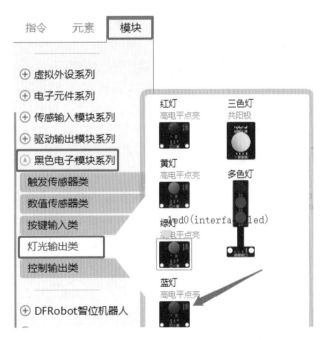

图 4-13　蓝灯选择界面

6. 选择信息显示器

单击"模块"→"软件模块系列"→"模块功能拓展类"→"信息显示器",并将图 4-14 中箭头所指的信息显示器拖到工作台。

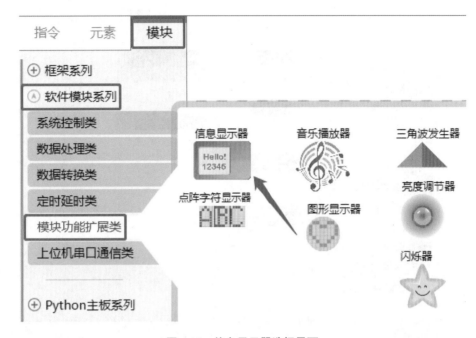

图 4-14　信息显示器选择界面

7. 选择延时器

单击"模块"→"软件模块系列"→"定时延时类"→"延时器",并将延时器拖到界面工作台。

8. 模拟连线

此项目两个传感器(声音检测器和光照传感器)的接法略有不同。由于要检测光照的数值大小,因此要把光照传感器的 S 口接主控板上的模拟输入口,即光敏传感器 S 口接主控板 A1。声音检测器只需要检测其有无即可,因此只需要将声音检测器的 OUT 口接主控板的数字输入端口,这里将其 OUT 端口连接主控板 11 号数字管脚。声音检测器的 VCC 接主控板上的 V 管脚,GND 接主控板上的 G 管脚上。光照传感器的"＋"管脚连接主控板的 V 管脚,"－"管脚连接主控板的 G 管脚。

蓝灯模块的输入管脚 IN 接主控板的 9 号数字管脚,VCC 接主控板正极 9 号 V 管脚,GND 接主控板负极 9 号 G 管脚。将四位数码管的 SCK 接 7 号数字管脚,RCK 接 6 号数字管脚,DIO 接 5 号数字管脚,VCC 和 GND 分别接主控板的 V 管脚和 G 管脚。模拟电路连接如图 4-15 所示。

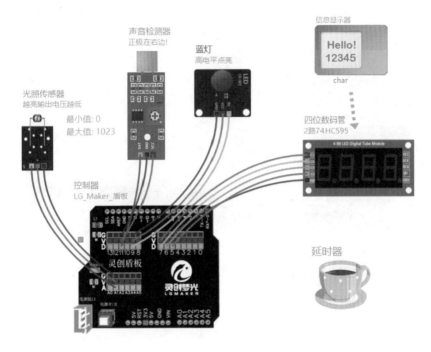

图 4-15 模拟电路连接示意图

4.4.2 程序编写

点击主控板,选取"反复执行"指令,利用四位数码管来实时显示此时环境中的光照数值,注意要添加"信息显示器清空"指令。

根据光照控制灯的点亮,需要用到条件语句,即如果光照传感器的光线强度小于某个值时,蓝灯亮 5 秒后,再熄灭。这里面的光线强度数值(200)可以根据实际情况进行调整和修改。如图 4-16 所示。

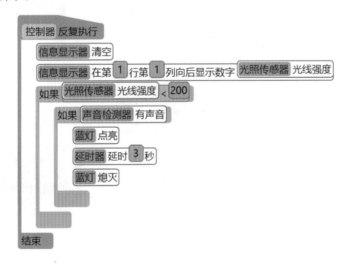

图 4-16 声光控灯程序

声控的程序也需要用到条件语句,如果光线的强度小于设定值,再次判断是否能检测到声音,如果有声音,蓝灯亮5秒后,再熄灭。这里面需要同时满足两个条件,属于并列结构,即有声音、光线强度小于设定值。可以使用运算符"并且"将程序修改为并列结构。点击如果条件量,在指令编辑器中选择"运算",然后选取"并且"运算符,在"并且"两侧分别设置两个条件指令"光照传感器光线强度<200"并且"声音检测器有声音"。如图4-17所示。

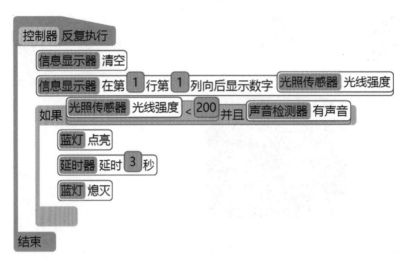

图 4-17　并且程序结构

模拟仿真:点击仿真按钮,然后鼠标移到光照传感器上方灰色方条,按住鼠标左键向右移动调整光照值,注意上方显示数值和四位数码管显示数值不同,两者之和为设置的最大值1023,将其调整到小于200时,鼠标再点击一下声音检测器上方银色部分,会发现蓝灯点亮3秒,如图4-18所示。

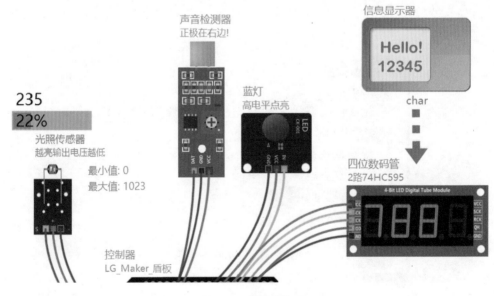

图 4-18　模拟仿真图

4.4.3　硬件搭建

根据模拟连线图进行硬件线路连接,注意各个模块的信号管脚的连接位置一定要与软件模拟连线图一致。光照传感器硬件采用的是4针制蓝色光照传感器模块,信号端口AO连接主控板的A1管脚,AD管脚不连线,VCC和GND连接主控板的V和G管脚,其他模块正常连接。

4.4.4　安装

找出M3×5螺钉(较短)8颗、M3×7尼龙柱(较短)4个,采用对角安装方式固定蓝灯模块。首先将两个尼龙柱用螺钉固定在图4-19所示位置,然后用螺钉把蓝灯与尼龙柱进行固定。光照传感器与声音检测器固定在4-19所示位置任意一个孔,用尼龙柱和螺钉进行固定。四位数码管已经组装完成,直接插在如图4-19所示位置即可。

(a) 安装材料　　　　　　　　　　(b) 安装位置

图4-19　硬件组装图

4.4.5　程序下载

在"arduino串口下载器"窗口,点击"串口号",选择相应的串口号,然后点击"下载",下载成功后,检测实物运行效果。

声音检测器模块调整:将模块放置在安静环境下,调节板上蓝色电位器,直到板上开关指示灯亮,最后往回微调,直到开关指示灯灭,最后在传感器附近产生一个声音(如击掌),若开关指示灯再回到点亮状态,说明声音可以触发模块。

探究拓展

能不能根据不同的黑暗程度调整自动调整灯光的亮度呢?

添加信息显示器,单击"模块"→"软件模块系列"→"模块功能拓展类"→"信息显示器",并将箭头所指的亮度调节器拖到工作台。亮度调节器是一个亮度调节组件,一般和灯一起使用,一个亮度调节器控制一个灯。亮度范围为 0～100,0 表示最暗(熄灭状态),100 表示最亮(全亮)状态。

此时的蓝灯模块会根据光照传感器向主控板输入的不同数值调整灯的亮度,灯模块的信号管脚要调整到 3/5/6/9/10/11 的其中一个管脚(图 4-20),这几个管脚数字旁边都有"～"符号,这些管脚可以向指定的模拟引脚写入数值,范围是 0～255。

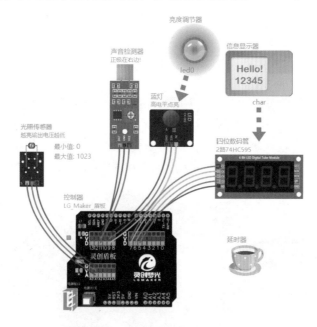

图 4-20　亮度调节器和 9 号引脚

调出控制器初始化,从指令里选择"反复执行"放入初始化中,将控制反复执行中的条件语句移到初始化的反复执行中,调整条件语句顺序,声音条件指令放在外层,内部是光线条件判断指令,当光线强度小于 300 时,亮度设置为 50,再继续判断光照强度是否小于 150,如果小于 150,则将亮度设置为 100,即为最亮状态,然后延时 3 秒后将亮度设置为 0,即熄灭状态。如图 4-21 所示。

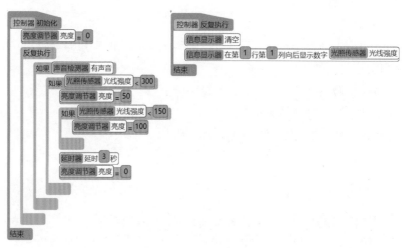

图 4-21　亮度控制程序

第 5 章　音乐播放器

　　如今越来越多的人选择在睡前、学习等状态下听音乐,聆听音乐能让身体放松,缓解疲劳,有助于睡眠。音乐播放器是人们收听音乐的主要载体。

　　1977 年 12 月,爱迪生公开表演了留声机,"会说话的机器"诞生的消息立刻轰动了全世界。1898 年,丹麦的 V.波尔森发明了钢丝录音机(图 5-1),即磁带录音机。随着社会的发展和科技的进步,人们对音质的追求也越来越高,CD 播放器(图 5-2)正式登上了历史的舞台,并风靡了 10 多年之久,直到 MP3 播放器的出现。

图 5-1　磁带录音机

图 5-2　CD 播放器

　　MP3(Moving Picture Experts Group Audio Layer-3)播放器(图 5-3)是一种主要对 MP3 等音乐文件进行存储、解码和播放的微小型数字音频设备。它的出现使得原本只能在计算机上播放的 MP3(包括 WMA、WAV 等)格式的音乐文件,变成像 CD、磁带等音频资源一样可以随处聆听欣赏。MP3 播放器又称 MP3 随身听,具有使用操作方便、音乐资源丰富、无磁带磨损老化问题、比 DISCMAN 耐振动、声音失真较小和外观小巧时尚等许多优点,是继 WALKMAN、DISCMAN 和 MD 等播放器(磁带、光盘机)之后出现的一种较为理想的音乐播放和收听器具。

图 5-3　MP3 播放器示意图

MP3 播放器其实就是一个功能特定的小型电脑。在 MP3 播放器小小的机身里,拥有存储器(存储卡)、耳机插口(播放)、中央处理器[MCU(微控制器)]或 MP3 播放器解码 DSP(数字信号处理器)等。MP3 播放器的结构示意图如图 5-4 所示。

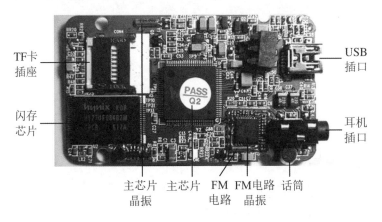

图 5-4　MP3 播放器结构示意图

5.1　学 习 任 务

(1) 学习 MP3 播放器的使用。

(2) 认识电阻。

(3) 设计完成一个 MP3 播放装置。

5.2　实 验 材 料

Arduino 主控板×1、LG 拓展板×1、USB 数据线×1、电池×1、MP3 播放器×1、读卡器×1、SD 卡×1、面包板×1、电阻×1、按钮×3、喇叭×1、杜邦线若干。

5.3　知 识 准 备

5.3.1　电阻

电阻是一个物理量,在物理中表示导体对电流阻碍作用的大小,电阻的阻值单位是 Ω

（欧姆）。不同的导体阻碍电流通过的能力是不一样的，导体的电阻越大，表示导体对电流的阻碍作用越大，通过的电流越小。Arduino 中使用的电阻是一种元器件，通常用来控制电路中电流大小，保护其他元器件，并且电阻没有极性。

电阻有很多不同的材质和外形，本书采用的是普通的轴心引线金属膜电阻，如图 5-5所示。

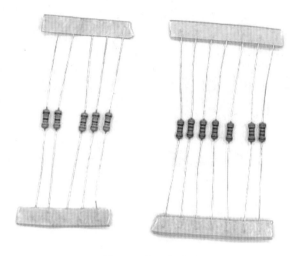

图 5-5　电阻示意图

5.3.2　面包板

面包板不是食物，也不是制作面包时用的模具，而是用来插接电路的实验板。由于面包板上面有很多小孔，就像我们吃的面包一样，因此我们很形象地称其"面包板"（图 5-6）。根据实践需要，可以在面包板上插入或者拔出各种电子元器件，无须焊接，所以非常适合用于电子电路的学习和实验。

图 5-6　面包板示意图

面包板底部（图 5-7）有金属条，在板上对应位置打孔使得元件插入孔中时能够与金属条接触，从而达到导电的目的。一般将每 5 个孔板用一条金属条连接。板子中央一般有一条凹槽,这是针对需要集成电路、芯片试验设计的。板子两侧有两排竖着的插孔,也是 5 个一组。这两组插孔的作用是给板子上的元件提供电源。

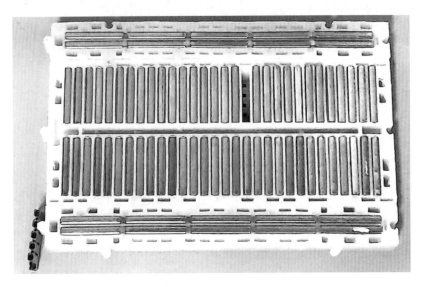

图 5-7　面包板底部示意图

5.3.3　MP3 播放器

图 5-8 是一款体积小巧的 MP3 模块,模块配合供电电池、扬声器、按键可以单独使用,也可以通过串口控制,为有串口的单片机的一个模块。该模块本身集成了 MP3 的硬解码,同时简单的串口指令具有播放音乐等功能。

 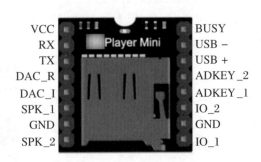

图 5-8　MP3 DFPlayer Mini 模块

注意:SD 卡中的歌曲文件,必须为 MP3 后缀名,不能是其他格式的音乐文件,名称前 4个字符必须是数字,如 0001、0034、0056 等,并存储在一个名为 MP3 的文件夹中,这个文件夹需要在 SD 卡的根目录上。

MP3 模块虽然引脚很多,但是我们只需要几个引脚就可以了。

(1) MP3 模块 VCC——arduino VCC。

(2) MP3 模块 GND——arduino GND。

（3）MP3 模块 RX——arduino D。

由于 MP3 模块的工作电压为 3.3V，因此需要在主控板引脚与 MP3 的 RX 之间连接一个电阻，否则播放出来的音乐会有杂音。

5.3.4　扬声器

扬声器又称"喇叭"，是一种十分常用的把电信号转变为声信号的换能器件，在发声的电子电气设备中都能见到它，如图 5-9 所示。音频电通过电磁、压电或静电效应，使其纸盆或膜片振动并与周围的空气产生共振（共鸣）而发出声音。

图 5-9　扬声器

扬声器有两个接线柱（两根引线），使用单只扬声器时两根引脚不分正负极性，同时使用多只扬声器时两个引脚有极性之分。

5.4　制　作　流　程

课堂小目标

（1）能够播放音乐。

（2）按下按钮能够切换下一首音乐，在播放完最后一首音乐时按下按钮，会切换到第一首音乐。

开始编程

5.4.1　音乐下载准备

（1）将内存卡插入电脑。

（2）打开 U 盘，新建文件夹并命名为"MP3"。

（3）打开浏览器输入"myfreemp3"进行搜索，选择图 5-10 所示网站。

图 5-10　搜索界面图

（4）选择要下载的音乐（图 5-11）。

图 5-11　音乐搜索界面

（5）选择需要下载的音乐品质（图 5-12）。

图 5-12　音乐品质选择界面

（6）点击跳转后的界面，根据图 5-13 提示进行下载。

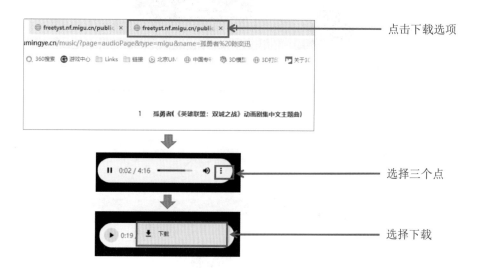

图 5-13　下载流程图

（7）下载完 4 首音乐后，对其进行重命名（图 5-14）。

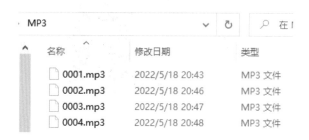

图 5-14　音乐命名格式图

5.4.2 硬件模拟搭建

1. 选择主控板

单击"模块"→"LG Maker"→"主板类"→"控制器",并将图 5-15 中箭头所指的控制器拖到界面中央的工作台。

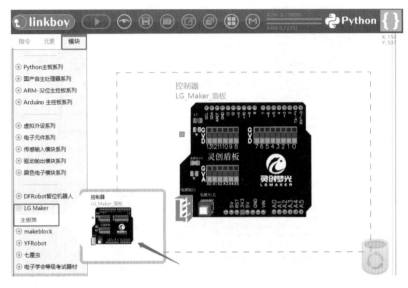

图 5-15 控制器

2. 选择 MP3 播放器模块

单击"模块"→"驱动输出模块系列"→"声音输出类"→"MP3 播放器",并将图 5-16 中箭头所指的 MP3 播放器拖到工作台。

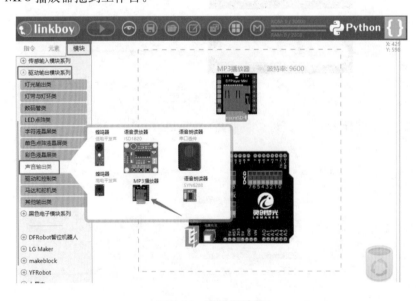

图 5-16 MP3 播放器

3. 选择按钮

单击"模块"→"传感输入模块系列"→"按键输入类"→"红按钮",并将图 5-17 中箭头所指的红按钮拖到工作台。

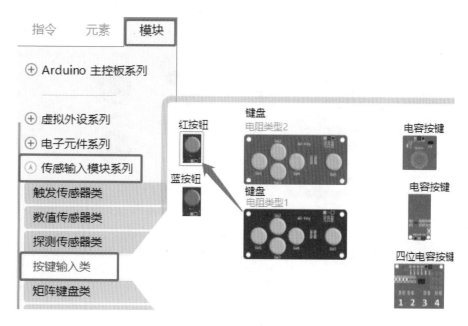

图 5-17　红按钮

4. 选择面包板和扬声器

单击"模块"→"电子元件系列"→"辅助元件类"→"面包板和扬声器",并将图 5-18 中箭头所指的面包板和扬声器拖到工作台。

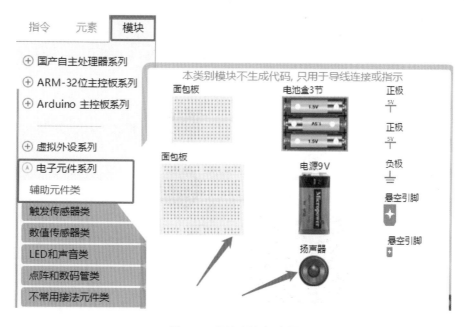

图 5-18　面包板和扬声器

5. 选择限流电阻

单击"模块"→"驱动输出模块系列"→"声音输出类"→"蜂鸣器(低电平发声)",并将图5-19中箭头所指的限流电阻拖到工作台。

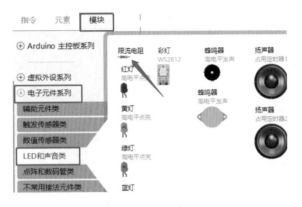

图 5-19　限流电阻

6. 选择延时器和变量 N

(1) 单击"模块"→"软件模块系列"→"定时延时类"→"延时器",并将延时器拖到界面工作台。

(2) 单击"元素"→"整数类型 N",并将整数类型 N 拖到界面工作台。

7. 模拟连线

将按钮的信号管脚 OUT 连接主控板的 D2 数字管脚,VCC、GND 管脚分别用杜邦线连接主控板的 VCC、GND 管脚。MP3 播放器的 RX 管脚连接面包板,然后串联一个限流电阻,电阻的另一端连接主控板的 D 数字管脚,将 MP3 播放器的 VCC 连接主控板正极,其GND 连接主控板负极。将扬声器连接 MP3 播放器的 SPK-1 和 SPK-2 管脚,不分顺序。模拟电路连接如图 5-20 所示。

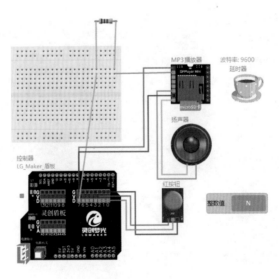

图 5-20　模拟连线

5.4.3　程序编写

点击主控板选取控制器"初始化"事件触发器,将"MP3 播放器音量"设置为 30,注意当音量数值在 0～30 时,数值越大,音量越大;当音量数值小于 0 时,无声音;当音量大于 30 时,为最大音量。

假设歌曲此时没有播放,当按下按钮后播放第一首歌曲,这里采用变量 N 来进行歌曲的切换,其中 N 为整数。复合赋值运算符"+＝"表示将运算符左边变量的值和右边变量的值进行相加,然后再将相加的结果赋值给左边的变量。例如,复合运算符表达式为 N＋＝1,表示为 N＝N＋1。如图 5-21 所示。

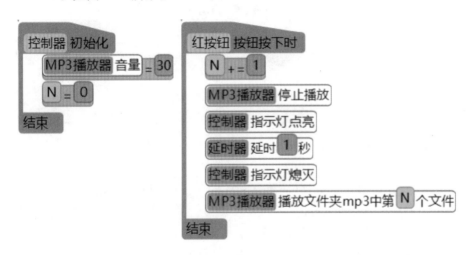

图 5-21　音乐播放程序

当再次按下按钮时,变量会增加 1,当前歌曲停止播放,然后使用"MP3 播放器播放文件夹 mp3 中第 N 个文件"播放下一首歌曲。添加"控制器指示灯点亮"与"控制器指示灯熄灭"来显示按键是否按下。

从"指令"中选"如果'条件量'"条件指令,添加到程序"N＋＝1"下面,由于在之前下载了 4 首歌曲到 SD 卡中,当 N 增加到 5 时,需要循环到第一首歌曲,即 N＝1,并且要在条件语句"如果"右方条件框中添加条件"N＝＝5",从而构成歌曲循环播放。如图 5-22 所示。条件 N 的数值可以根据自己 SD 卡中歌曲的数量进行调整,如 SD 卡中歌曲数量为 6 首,那么 N 就可以设置为 7。

模拟仿真:点击仿真按钮,因为在 linkboy 软件中的 MP3 播放器上并没有 SD 卡,所以并不会播放音乐,此时我们只需要点击按钮检查一下整数值 N 的变化。

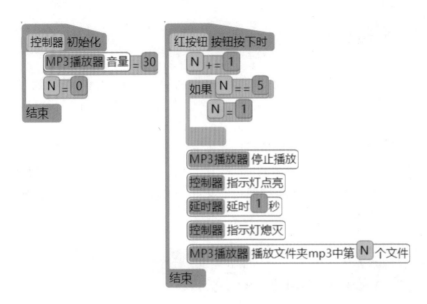

图 5-22　音乐循环播放程序

5.4.4　硬件搭建

首先将 SD 卡插入 MP3 播放器(注意方向),然后根据模拟连线图连接硬件线路。在连接 MP3 播放器模块时需要注意方向,不要接反在另一侧,RX 管脚需要用公母杜邦线与面包板连接,电阻可以直接插在面包板上,另一端使用公母杜邦线与主控板 D7 管脚相连。喇叭直接插在 MP3 播放器 GND 管脚的两侧管脚,不需要区别顺序。如图 5-23 所示。

图 5-23　硬件实物搭建图

5.4.5　安装

采用对角安装方式固定按键，首先将两个尼龙柱用螺钉固定在图 5-24 所示位置，然后用螺钉将按钮与尼龙柱进行固定。可以使用双面胶将 MP3 播放器与喇叭粘在底板上。

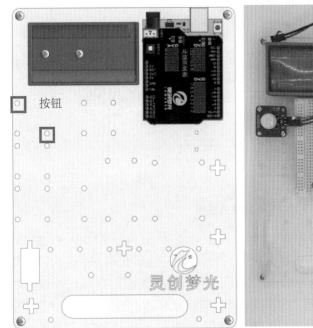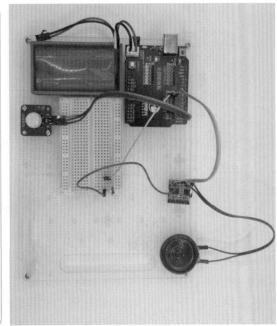

图 5-24　硬件组装图

5.4.6　程序下载

在"arduino 串口下载器"窗口，点击"串口号"，选择相应的串口号，再点击"下载"，下载成功后，检测实物运行效果。

 探究拓展

在前面的程序中我们设置了按键控制下一首歌曲，那能不能添加按键，实现播放上一首、暂停播放等功能呢？

可以在上述基础上添加两个按钮模块：按钮 1 的 OUT 管脚连接主控板的 8 号数字管脚，其 VCC 和 GND 管脚连接主控板的 VCC 和 GND 管脚；按钮 2 的 OUT 管脚连接主控板的 10 号 OUT 管脚上。模拟连线图如图 5-25 所示。

为了更方便地区分每个按键的功能，将红按钮名称修改为"下一首"，将红按钮 1 的名称修改为"上一首"，红按钮 2 的名称修改为"暂停开始"。

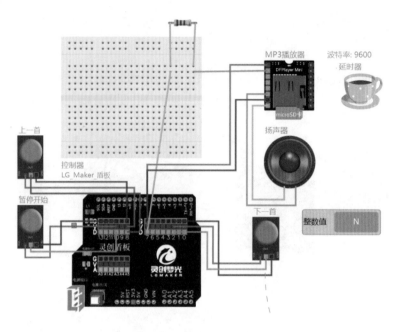

图 5-25　三个按钮连线图

　　"上一首"的程序和"下一首"的程序非常相似,一个是增加,另一个是减少,只是循环终止条件有所不同,当 N 减少到第一首音乐,再次按下"上一首"按钮,此时 N = 0,没有音乐播放,此时按照循环,应该播放最后一首音乐,根据我们下载的音乐数量为 4,即 N 应该变为 4。剩下的程序则与"下一首"相同,可以利用复制的功能,即将鼠标移到最后一条指令"MP3 播放器播放文件夹 mp3 中第 N 个文件"的下方,按住鼠标右键,向上拖动至"控制器指示灯点亮"的上方,会出现一条橙色的竖线,此时就是所选中要复制的指令,将鼠标移到软件右侧,选择"复制双份指令",然后会在程序左边弹出 4 个相同的指令,选择复制出来的 4 个程序并拖到"上一首"的程序中。如图 5-26 所示。

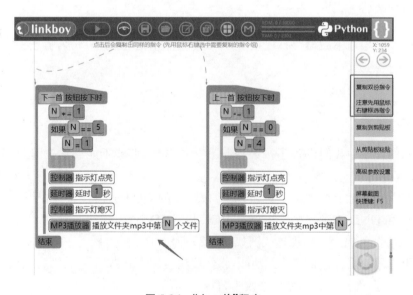

图 5-26　"上一首"程序

单个按钮的暂停开始程序设置与"下一首""上一首"有很大差别,当按下暂停按钮时,MP3 播放器暂停播放(控制器指示灯闪烁 2 次),然后延时 0.5 秒。在指令中拖出"等待"指令,并填入相应的条件量,当程序运行到此条指令时会暂时停下,待达到后面的条件后,才继续执行后面的程序。如图 5-27 所示。

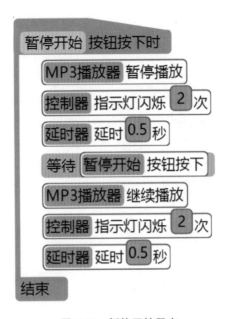

图 5-27　暂停开始程序

将"暂停开始"按钮和"上一首"按钮按照模拟连线图位置进行连线,分别连接 10 号和 8 号数字端口,然后将按钮利用尼龙柱安装在如图 5-28 所示底板上。

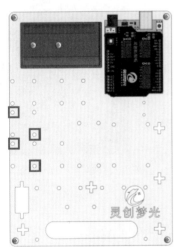

图 5-28　"暂停开始""上一首"按钮组装图

第6章 雾化加湿器

随着经济的发展和人民生活水平的提高,人们对生活质量和健康的要求愈来愈高。影响环境质量的因素有以下三种:空气的质量、温度、相对湿度(Relative Humidity, RH)。温度能够直接影响人们对生活环境的感受;而相对湿度则最容易被忽视。根据测定,人体感觉最舒适的环境是温度在25摄氏度左右、相对湿度在45%~55%,此时人会感觉非常舒适,有利于人体健康,提高工作效率。相对湿度低于45%时会造成皮肤干裂及瘙痒等现象,比如,冬天室内干燥,空气湿度达不到标准湿度(40%~60%),干燥的环境会引起水分流失,导致皮肤紧绷、口舌干燥,加速生命的衰老,因此加湿器应运而生。加湿器能创造理想的室内湿度,呵护家人的健康,成为干燥地区家庭不可缺少的一种小型家电产品。据相关部门统计,我国加湿器产品的人均占有率远远低于美国等发达国家的水平。鉴于此,笔者认为,加大对空气加湿器的研究与开发的力度,将有利于国内空气加湿器行业的发展,有利于提高人民的生活品质和健康水平。

加湿器按工作原理主要分为超声波加湿器、直接蒸发型加湿器和热蒸发型加湿器三种类型。如图6-1所示。

(a) 超声波加湿器　　　　　(b) 直接蒸发型加湿器　　　　　(c) 热蒸发型加湿器

图6-1　三种类型加湿器

超声波加湿器采用170万次/秒的高频振荡将水直接振荡成小于或等于5微米的超微粒子,再通过风动装置将水分子扩散到周围空气中,清新空气,营造舒适的环境。超声波加湿器的优点有:加湿强度大,加湿均匀,加湿效率高;节能、省电,耗电仅为电加热式加湿器的1/10~1/15;使用寿命长,湿度自动平衡,无水自动保护。其缺点有:因为很多区域水质较硬,也就是水中钙、镁离子含量高,加上水厂处理水时使用漂白粉等一些净水剂,这些成分对加湿器加湿,非常不利,一部分钙、镁离子随水雾一起喷出,弥散在物体表面和地面上,干燥后会形成白色粉末状的水垢,因此超声波加湿器对水质有一定要求。

直接蒸发型加湿器通常也被称为纯净型加湿器,其加湿原理是通过分子筛蒸发技术,除去水中的钙、镁离子,从而彻底解决白色粉末问题。通过水幕洗涤空气,在加湿的同时还能对空气中的病菌、粉尘、颗粒物进行过滤净化,再经风动装置将湿润洁净的空气送到室内,从而提高环境湿度和洁净度,所以非常适合有老人和小孩的家庭,还可以预防冬季流感病菌。

热蒸发型加湿器也叫电加热式加湿器,其工作原理是将水在加热体中加热到 100 摄氏度,产生蒸汽,用电机将蒸汽送出。电加热式加湿器是最简单的加湿方式,其缺点是能耗较大,不能干烧,安全系数较低,加热器上容易结垢。一般和中央空调配套使用,不单独使用。

 小贴士

加湿器使用注意事项

加湿器使用时,要定期清理,否则加湿器中的霉菌等微生物随着雾气进入空气,再进入人的呼吸道中,容易患加湿器肺炎。此外,空气的湿度也不是越高越好,冬季人体感觉比较舒适的湿度是 50% 左右,如果空气湿度太高,人会感到胸闷、呼吸困难,所以加湿要适度为好。

不能直接将自来水加入加湿器。因为自来水中含有多种矿物质,会对加湿器的蒸发器造成损害,所含的水碱也会影响其使用寿命。自来水中的氯原子和微生物有可能随水雾吹入空气中造成污染。如果自来水硬度较高,加湿器喷出的水雾中因含有钙、镁离子,会产生白色粉末,污染室内空气。

6.1 学习任务

(1) 了解温湿度传感器的工作原理。

(2) 复习继电器的工作原理和使用方法。

(3) 学习雾化器的使用方法。

6.2 实验材料

Arduino 主控板×1、LG 拓展板×1、USB 数据线×1、电池×1、继电器×1、DHT11 温湿度传感器×1、四位数码管×1、雾化器×1、杜邦线若干。

6.3 知 识 准 备

6.3.1 DHT11温湿度传感器

DHT11温湿度传感器是一款含有已校准数字信号输出的温湿度复合传感器(图6-2)。它应用专用的数字模块采集技术和温湿度传感技术,确保产品具有极高的可靠性与卓越的长期稳定性。传感器包括一个电阻式感湿元件和一个NTC测温元件,并与一个高性能8位单片机相连接。湿度测量范围为20%~90%,精度为±5%RH;温度测量范围为0~50摄氏度,精度为±2摄氏度。使用此模块一般1秒读取一次温、湿度。

注意:正负极不能接反,否则会导致传感器损坏。

图6-2 DHT11温湿度传感器

温湿度传感器模块有3个引脚,"＋"接正极,"－"接负极,OUT输出口接数字信号端口。

6.3.2 雾化器

雾化器采用的是电子超频振荡,振荡频率为1.7兆赫,超过人的听觉范围(20~20000兆赫),对人体和动物无伤害。通过雾化片的高频谐振,将水抛离水面而产生自然飘逸的水雾。该雾化器由一块驱动板驱动,连接5伏特电源即可工作,水位探针可检测有无水,实现枯水断电,以保护雾化片不会因为缺水而干烧。如图6-3所示。

雾化器驱动板上有两个引脚,"＋"接正极,"－"接负极。

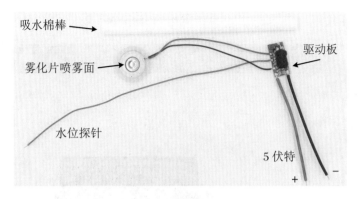

图 6-3　雾化器示意图

小贴士

频率

频率是指物质在单位时间内完成振动的次数,常用 f 表示。

为了纪念德国物理学家赫兹的贡献,人们把频率的单位命名为赫兹,简称"赫",符号为 Hz,也常用千赫(kHz)、兆赫(MHz)或吉赫(GHz)为单位。

1 赫兹 = 1 次/秒,赫兹、千赫、兆赫、吉赫的换算关系如下:

$$1 \text{ 千赫} = 1000 \text{ 赫兹}$$
$$1 \text{ 兆赫} = 1000 \text{ 千赫}$$
$$1 \text{ 吉赫} = 1000 \text{ 兆赫}$$

6.4　制作流程

课堂小目标

(1) 能够检测当前环境中的湿度。

(2) 当环境湿度较低时,控制加湿器进行加湿。

开始编程

6.4.1　硬件模拟搭建

1. 选择主控板

单击"模块"→"LG Maker"→"主板类"→"控制器",并将图 6-4 中箭头所指的控制器拖到界面中央的工作台。

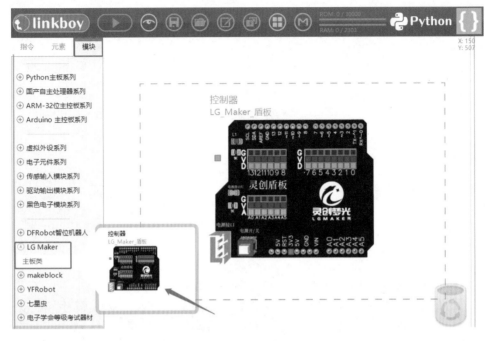

图 6-4 控制器

2. 选择 DHT11 温湿度传感器

单击"模块"→"传感输入模块系列"→"数值传感器类"→"DHT11 温湿度传感器",并将图 6-5 中箭头所指的 DHT11 温湿度传感器拖到工作台。

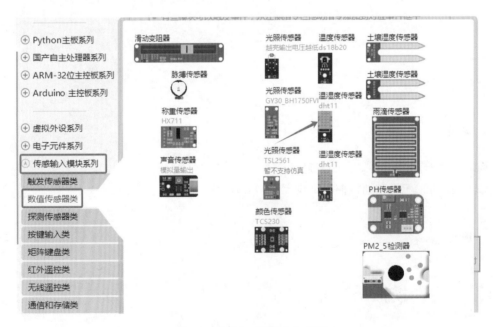

图 6-5 DHT11 温湿度传感器

3．选择继电器

单击"模块"→"驱动输出模块系列"→"驱动和控制类"→"继电器（高电平吸合）"，并将图 6-6 中箭头所指的继电器拖到工作台。

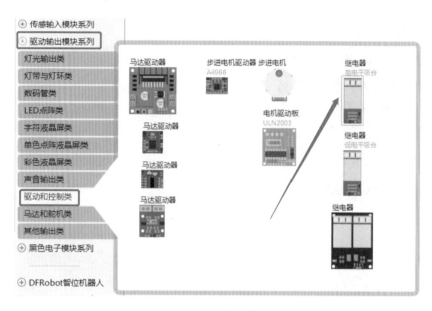

图 6-6　继电器

4．选择四位数码管

单击"模块"→"驱动输出模块系列"→"数码管类"→"四位数码管（2 路 74HC595）"，并将图 6-7 中箭头所指的四位数码管拖到工作台。

图 6-7　四位数码管

5．选择软件模块

单击"模块"→"软件模块系列"→"定时延时类""模块功能拓展类"→"定时器""延时器" "信息显示器"，并将图 6-8 所示模块拖到工作台。

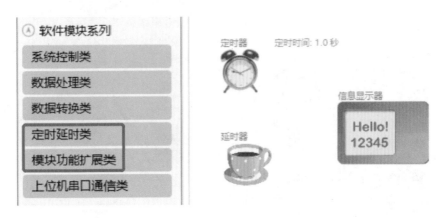

图 6-8　软件模块

6．模拟连线

将温湿度传感器的信号管脚 OUT 连接主控板的 D11 数字管脚，VCC、GND 管脚分别用导线连接主控板的 VCC、GND 管脚；继电器的 IN 管脚连接主控板的 D8 数字管脚，VCC、GND 管脚分别用导线连接主控板的 VCC、GND 管脚；将四位数码管的 SCLK 管脚连接主控板的 D7 数字管脚，RCLK 管脚连接主控板的 D6 数字管脚，DIO 管脚连接主控板的 D5 数字管脚，VCC、GND 管脚分别用导线连接主控板的 VCC、GND 管脚。模拟电路连接如图 6-9 所示。

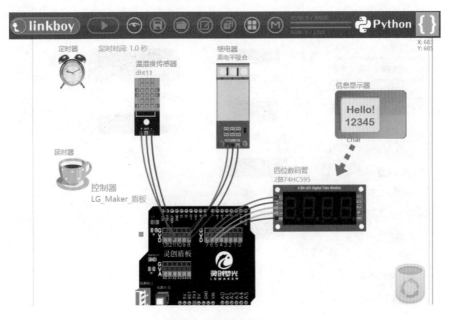

图 6-9　模拟电路连线

6.4.2　程序编写

点击"定时器"模块，将定时器时间到时事件指令添加到空白区域，添加两个模块功能指令，将第一个模块功能指令修改为"信息显示器清空"，第二个模块功能指令为"信息显示器在第 1 行第 1 列向后显示数字温湿度传感器湿度"。由于定时器的定时时间为 0.1 秒，所以四位数码管会实时显示温湿度传感器的数值。如图 6-10 所示。

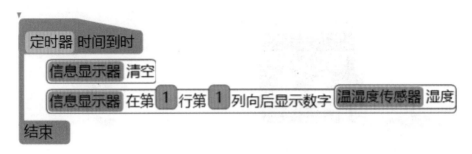

图 6-10　湿度显示程序

点击控制器空白区域，选取控制器"反复执行"事件触发器；在指令区中找到"如果'条件量'"指令，并把这个指令添加到反复执行指令内，条件量选择指令编辑器运算中的"小数量小于小数量"，两个"小数量"依次修改为"温湿度传感器湿度""45"；再点击"如果'条件量'"下面的"否则"，指令则变为"如果""否则"。当环境的湿度小于设定的阈值时，继电器接通，当环境的湿度大于设定的阈值时，执行否则指令，继电器断开，程序如图 6-11 所示。

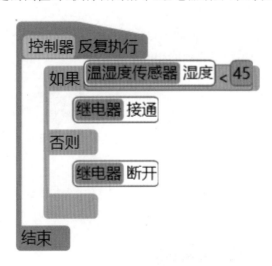

图 6-11　继电器程序

模拟仿真：点击仿真按钮，四位数码管会显示当前温湿度传感器检测到的湿度值，用鼠标点击温湿度传感器上方的数值条，四位数码管上的数值也随之改变。当数值小于 45 时，继电器接通，继电器上的绿灯亮起；当数值大于 45 时，继电器断开，继电器上的绿灯熄灭。仿真效果图如图 6-12 所示。

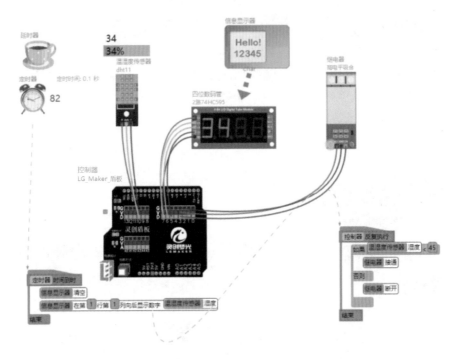

图 6-12　仿真效果图

6.4.3　硬件搭建

参考图 6-13 所示,先将加湿器驱动板上的红色正极接继电器 NO 端,再从 COM 端连接盾板上的 VCC 端口,加湿器驱动板上的黑色负极连接盾板上的 GND 端口,继电器、温湿度传感器、四位数码管再按图示连接盾板的相应位置。

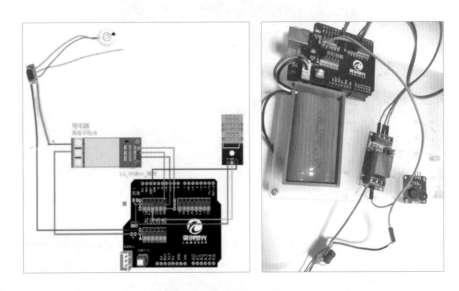

图 6-13　硬件实物搭建图

6.4.4　安装

找出 M3×5 螺钉 6 颗、M3×7 尼龙柱 3 个，采用对角安装方式固定继电器，先将两个尼龙柱用螺钉固定在如图 6-14 所示位置，然后用螺钉把继电器与尼龙柱进行固定；温湿度传感器也使用同样的安装方式，安装在如图 6-14 所示的位置（温湿度传感器可在任意位置安装），四位数码管直接插在相应位置，方便测试。

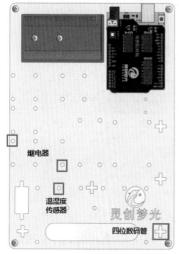 

(a) 安装材料和位置　　　　　　　(b) 温湿度传感器安装示意图

图 6-14　硬件组装图

6.4.5　程序下载

在"arduino 串口下载器窗口"，点击"串口号"，选择相应的串口号，然后点击"下载"，下载成功后，检测实物运行效果。

 探究拓展

在前面的任务中我们设置了当检测到湿度较低时通过继电器控制加湿器工作的程序，我们能不能再利用之前所学的土壤湿度传感器模块，增加一个缺水提醒的功能呢？

在上述基础上再添加 1 个红灯模块（高电平点亮）和 1 个土壤湿度传感器模块，红灯模块的 IN 管脚连接主控板的 D3 数字管脚，其 VCC 和 GND 管脚连接主控板的 VCC 和 GND 管脚；土壤湿度传感器的 AO 管脚连接主控板的 A5 管脚，VCC 和 GND 管脚连接主控板的 VCC 和 GND 管脚，模拟连线图如图 6-15 所示。

土壤湿度传感器数值越高，说明水越少。再添加一个"如果'条件量'"，放于控制器反复执行中，条件量为"土壤湿度传感器数值小于 700"（具体临界数值可以测试获取），将前面程

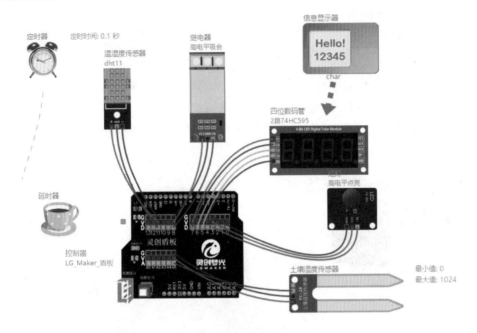

图 6-15　模块连线图

序中的继电器程序放入该"如果'土壤湿度传感器数值<700'"的下方,并添加红灯熄灭的模块功能指令。当"土壤湿度传感器数值<700""温湿度传感器湿度<45"时,继电器接通;否则继电器断开;之后红灯处于熄灭状态。当土壤湿度传感器数值大于 700 时,继电器断开,红灯点亮 0.5 秒,再熄灭 0.5 秒,程序如图 6-16 所示。

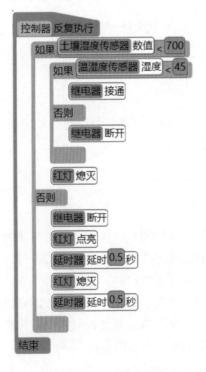

图 6-16　土壤湿度程序

　　将土壤湿度传感器模块、红灯模块按照模拟连线图（图 6-17）位置进行连接，然后使用 M3×5 螺钉 6 颗、M3×7 尼龙柱 3 个，安装在如图 6-17 所示的底板上。

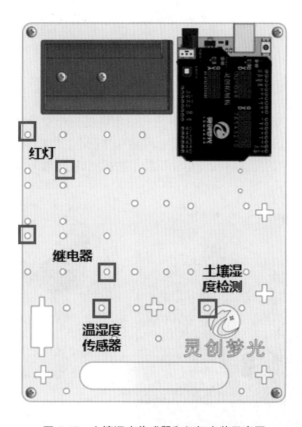

图 6-17　土壤湿度传感器和红灯安装示意图

第7章　红外遥控风扇

　　随着空调的普遍使用，传统家用电器电风扇的市场受到严重冲击。传统的手动开/关、调速功能已不能满足市场的需求，人们希望电风扇在体积小、工作方便等的基础上拥有更多的功能，而红外遥控技术的广泛应用及单片机技术的成熟，使得红外遥控系统成为电风扇的发展趋势。

图 7-1　红外遥控风扇

　　本章的设计方案基于市场的需求，结合红外遥控设计简单、操作方便、成本低廉等特点，采用了专用的遥控发射接收芯片，在此基础上设计了一款简易的智能红外遥控电风扇系统。本章设计实现了电风扇的几项基本功能：开/关功能、左右摇头功能、三级调速功能。

7.1　学 习 任 务

　　(1) 认识红外传感器和无线电传感器。

　　(2) 学习红外传感器的使用方法。

　　(3) 完成遥控调速风扇的设计制作。

7.2　实　验　材　料

Arduino 主控板×1、LG 拓展板×1、USB 数据线×1、电池×1、红外线传感器×1、红外遥控器×1、舵机模块×1、马达驱动器×1、电机×1、杜邦线若干。

7.3　知　识　准　备

7.3.1　遥控器

遥控器是一种用来远程控制机器的装置,最早是由美国的尼古拉·特斯拉于 1898 年开发出来的。遥控器是一种无线发射装置,通过现代的数字编码技术,将按键信息进行编码,通过红外线二极管发射光波,光波经接收机的红外线接收器将收到的红外信号转变成电信号,进处理器进行解码,解调出相应的指令来达到控制机顶盒等设备。

市场上常见的遥控器有两种,一种是家电常用的红外遥控模式,另一种是防盗报警设备、汽车遥控等常用的无线电遥控模式。

7.3.2　红外遥控器

红外遥控器是利用波长为 0.76～1.5 微米的红外线来传送控制信号的遥控设备(图7-2)。常用的红外遥控系统一般分发射和接收两个部分。

图 7-2　红外遥控器示意图

发射部分的主要元件为红外发光二极管,接收部分的主要元件为红外接收二极管。在发射端,输入信号经放大后送入红外发射管发射;在接收端,接收管收到红外信号后,由放大器放大处理后还原成信号。这就是红外的简单发射、接收原理。

7.3.3 红外遥控器特点

红外遥控器的特点有:
(1) 设计小巧。
(2) 内置专用 IC。
(3) 低电压工作。
(4) 不干扰其他电气设备。
(5) 不影响周边环境。
(6) 由于其无法穿透墙壁,因此不同房间的家用电器可使用通用的遥控器且相互间不会产生干扰。

7.3.4 红外遥控器套件

Mini 超薄红外遥控器具有 17 个功能按键,红外发射距离为 8 米,每个按键在 linkboy 中都可以独立编程。如图 7-3 所示。

图 7-3 红外遥控器套件

红外接收模块可接收 38 千赫调制的遥控器信号,该模块有三个接口,"－"接 GND,"S"接信号端口,中间接 VCC。红外接收器外观和 LED 灯类似,外面包有铁壳,主要作用是屏蔽电磁干扰。

7.3.5　300 电机(马达)

300 电机(图 7-4)属于微型直流电机,正负极直接连接电源即可转动,工作电压为 1.5～6 伏特,转速为 3500～7000 转/分,启动电流较低,噪声低,非常适合制作对电流敏感的电子作品。一般直流电机都需要与电机驱动一起使用,用以控制电机的速度和方向(正反转)。

图 7-4　300 电机

7.3.6　马达驱动器

我们采用的马达驱动器(图 7-5)是 2 路直流电机驱动模块,可以同时驱动两个直流电机,可以实现电机的正反转和调速功能。

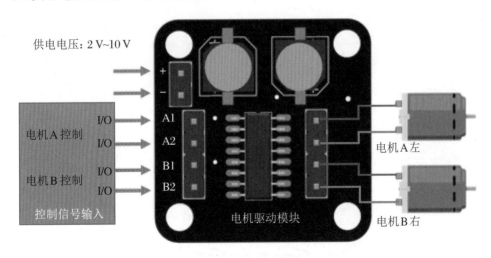

图 7-5　马达驱动器

A1、A2 控制直流电机 A;B1、B2 控制直流电机 B;两路是完全独立的,接主控板信号端口。

电机 A 端和电机 B 端接电机,注意正极在上面。

"＋""－"分别接电源正、负极,注意不能接反,否则会造成电路损坏。

7.3.7 舵机

舵机(Servo)是一种伺服电机,它是由直流电机、减速齿轮组、传感器和控制电路组成的一套自动控制系统(图 7-6)。通过发送信号,指定输出轴旋转角度。舵机一般只能旋转 180 度,当然也有旋转 90 度、360 度等型号可供选择。舵机与普通直流电机的区别主要在于:① 直流电机是一圈圈转动的,舵机只能在一定角度内转动,不能一圈圈连续转动;② 普通直流电机无法反馈转动的角度信息,而舵机可以。因此,舵机适用于那些需要角度不断变化并可以保持稳定的控制系统,比如人形机器人的手臂和腿、车模及航模的方向控制。

图 7-6　不同类型的舵机

舵机主要由以下几个部分组成:减速齿轮组、电位器、直流电机、控制电路等(图 7-7)。

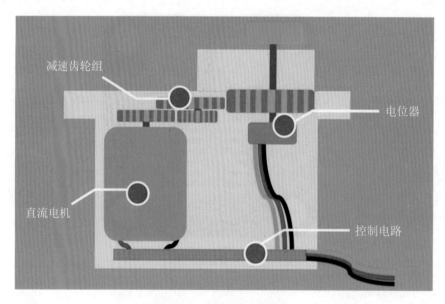

图 7-7　舵机内部结构图

舵机中有一个电位计(角度传感器)可以检测输出轴转动角度。控制电路板接收来自信号线的控制信号,控制电机转动,电机带动一系列齿轮组,减速后传动至输出舵盘。舵机的输出轴和位置反馈电位计是相连的,舵盘转动的同时,带动位置反馈电位计,电位计将输出一个电压信号到控制电路板进行反馈,然后控制电路板根据所在位置决定电机转动的方向和速度,达到目标后停止。

工作流程为:控制信号→控制电路板→电机转动→齿轮组减速→舵盘转动→位置反馈电位计→控制电路板反馈。

本章采用的为 SG90 舵机、电源线(5 V,红色)、地线(GND 棕色)和 PWM 控制线(橙色)。如图 7-8 所示。

舵机的控制一般需要 20 毫秒左右的时基脉冲,该脉冲的高电平部分一般为 0.5~2.5 毫秒,总间隔为 2 毫秒。脉冲的宽度将决定马达转动的距离。例如,1.5 毫秒的脉冲,电机将转向 90度的位置(通常称为中立位置,对于 180 度舵机来说,90 度位置在中间)。如果脉冲宽度小于1.5 毫秒,那么电机轴向朝向 0 度方向。如果脉冲宽度大于 1.5 毫秒,轴向就朝向 180 度方向。以 180 度舵机为例,对应的控制关系是这样的:0.5 毫秒—0 度;1.0 毫秒—45 度;1.5 毫秒—90度;2.0 毫秒—15 度;2.5 毫秒—180 度。

图 7-8　SG90 舵机

7.4　制 作 流 程

课堂小目标

程序要求:"OK"键控制风扇启动,"＊"号键控制风扇停止。

开始编程

7.4.1　硬件模拟搭建

1. 选择主控板

单击"模块"→"LG Maker"→"主板类"→"控制器",并将图 7-9 中箭头所指的控制器拖到界面中央的工作台。

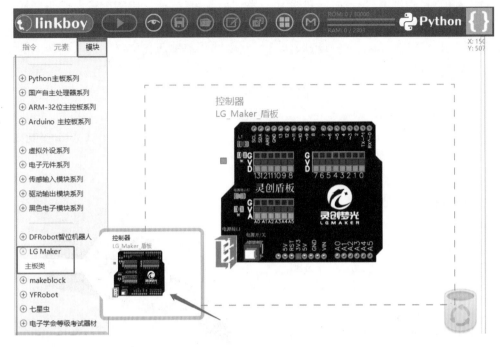

图 7-9　控制器

2. 选择马达驱动器

单击"模块"→"驱动输出模块系列"→"驱动和控制类"→"马达驱动器",并将图 7-10 中箭头所指的马达驱动器拖到工作台。

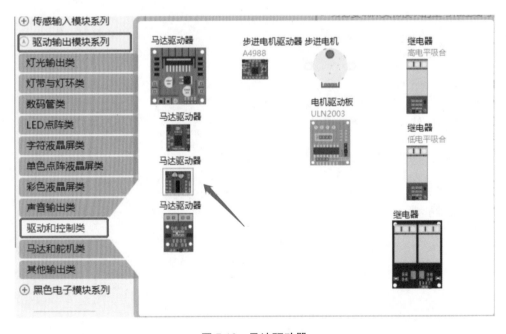

图 7-10　马达驱动器

3. 选择马达

单击"模块"→"驱动输出模块系列"→"马达和舵机类"→"马达",并将图 7-11 中箭头所指的马达拖到工作台。

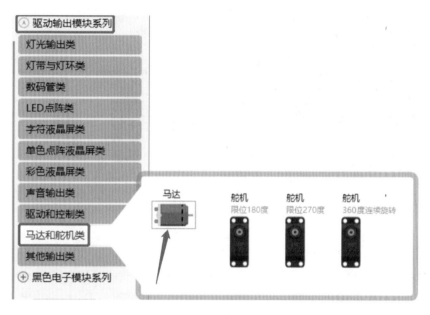

图 7-11　马达

4. 选择舵机(限位 180 度)

单击"模块"→"驱动输出模块系列"→"马达和舵机类"→"舵机"(限位 180 度)。并将图 7-12 中箭头所指的舵机(限位 180 度)拖到工作台。

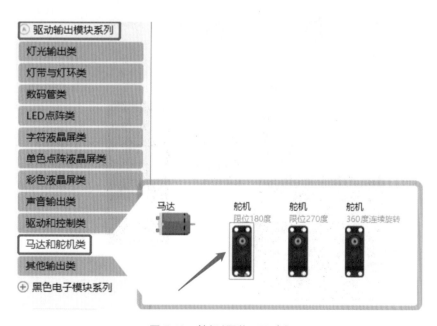

图 7-12　舵机(限位 180 度)

5. 选择红外接收器/遥控器

单击"模块"→"传感输入模块系列"→"红外遥控类"→"红外接收器/遥控器",并将图 7-13 中箭头所指的红外接收器/遥控器拖到工作台。

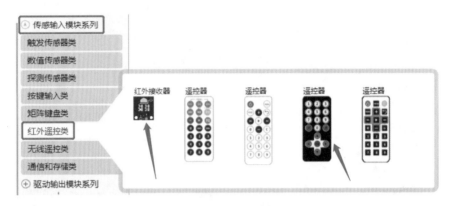

图 7-13　红外接收器/遥控器

6. 模拟连线

将红外接收器的 DATA 信号管脚连接主控板的 D2 数字管脚,VCC、GND 管脚分别用导线连接主控板的 VCC、GND 管脚。舵机的信号管脚连接主控板的 D4 数字管脚,VCC、GND 管脚分别用导线连接主控板的 VCC、GND 管脚。马达驱动器 A1 接主控板的 D12 数字管脚,A2 接主控板的 D11 数字管脚,B1 接主控板的 D10 数字管脚,B2 接主控板的 D9 数字管脚。将马达连接到马达驱动器的电机 A 位置处,注意连接位置。模拟电路连接如图 7-14 所示。

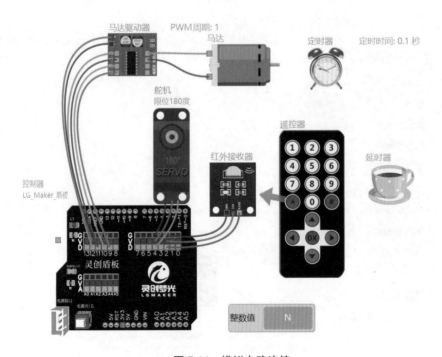

图 7-14　模拟电路连接

7.4.2　程序编写

　　首先,使用鼠标点击遥控器部分会出现按键指示框,找到"OK 键按下时",将马达功率设置为 40。然后,找到"反复执行"指令,接在马达的功率为 40 后面,再将马达正转放入反复执行中,这样当遥控器 OK 键按下时,马达以功率 40 转动。

　　那如何让马达停下来呢? 首先,鼠标点击遥控器部分会出现按键指示框,找到"星号键按下时",当 * 键按下时,点击模块功能指令,选"结束遥控器_OK 键按下时",然后设置"马达停止"。这样当我们按下 * 键时就可以让马达停止运动了。如图 7-15 所示。

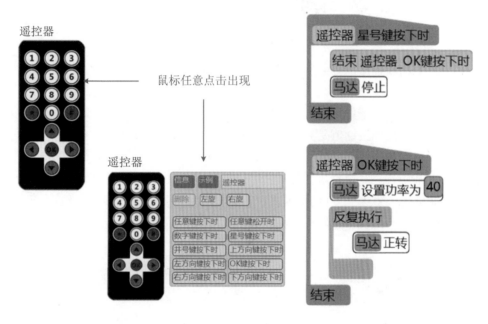

图 7-15　启动程序

 小贴士

马达功率介绍

　　设置马达的输出功率,范围是 0~100,输出功率越大,马达转动越快。如果转速设置为负数,则会限制到 0,即马达停转。

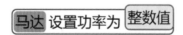

　　按下"♯号键"控制舵机的转向。

　　首先,选择"OK 键按下时",程序中"马达设置功率为 40"后面加上变量"N = 0",如图 7-16 所示。

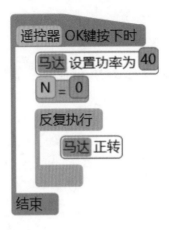

图 7-16　OK 键按下

　　然后，鼠标点击遥控器部分会出现按键指示框，找到"♯键按下时"，当♯键按下时，将变量 N 设置为 1，延时 0.5 秒，等待♯键再次按下时，将变量 N 设置为 0，再延时 0.5 秒。需要注意的是，程序中"等待'条件量'"的条件量无法直接修改为"♯键按下"，这里我们可以用按键值来代替，♯键对应的按键值是数字 11，即遥控器的按键值等于 11 时，相当于♯键再次按下。

　　最后，点击盾板，添加"反复执行"事件触发器，然后在控制器反复执行中进行判断，当变量 N＝1 时，舵机在－80 度和 80 度范围内左右重复转动，每次延时 1600 毫秒；当变量 N 不满足等于 1 的条件时，舵机停止转动，角度回到 0 度。如图 7-17 所示。

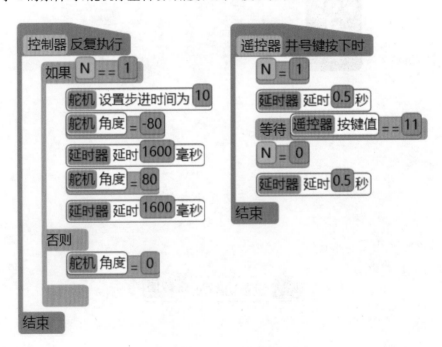

图 7-17　左右转动程序

小贴士

遥控器按键值介绍

"遥控器按键值"是一个变量,会实时保存当前正在按下的按键值,下面是遥控器的按键常量(图 7-18):

(1) 按键 0～9 的数值为 0～9。

(2) ＊键的数值为 10。

(3) ♯键的数值为 11。

(4) 上键的数值为 12。

(5) 左键的数值为 13。

(6) OK 键的数值为 14。

(7) 右键的数值为 15。

(8) 下键的数值为 16。

图 7-18　遥控器图标

模拟仿真:点击仿真按钮后,按下 OK 键,此时马达开始正转。当我们第一次按下♯键时,变量 N＝1,舵机开始左右摆动;再按下♯键时,变量 N＝0,舵机停止左右摆动。如图 7-19所示。

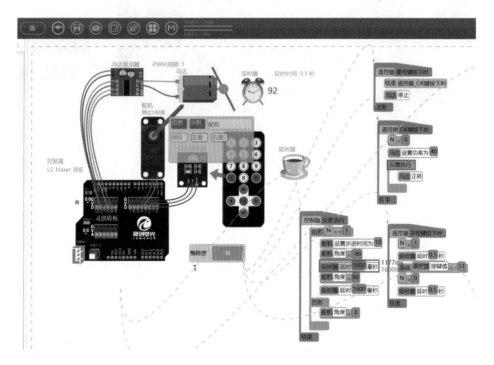

图 7-19　仿真效果图

7.4.3　硬件搭建

根据模拟连线图进行硬件线路连接，注意各个模块的信号管脚连接位置一定要和软件模拟连线图一致。马达驱动器硬件采用的是 2 路电机端口，这里我们使用的是电机 A，并且电机的红线接上面。其他模块正常连接。

7.4.4　安装

1. 舵机和马达驱动器的安装

找出 M3×5 螺钉 4 颗、尼龙柱 2 个，采用对角安装方式马达驱动器：首先将两个尼龙柱用螺钉固定在图 7-19 所示位置；然后用螺钉把马达驱动器与尼龙柱进行固定；最后找出 M2×8 螺钉 1 颗、M2 螺母 1 颗，将舵机按图 7-20 所示位置摆放好，将 M2×8 螺钉从底板下方穿出，再用 M2 螺母拧紧。

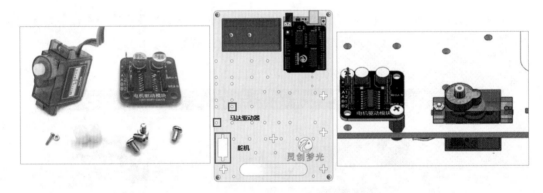

(a) 安装材料　　　　　　　　　　　　　　　　(b) 安装位置

图 7-20　舵机和马达驱动器组装图

2. 扇叶及支架安装

找出电机、扇叶、柱子、支架，按照图 7-21 所示，先将 4 个零件组合后再安装在舵机上。注意：通电后，等待舵机为 0 度后，再安装风扇。

3. 红外接收器安装

找出 M2×6 螺钉 4 颗、M2 尼龙柱 2 个，先将两个尼龙柱用螺钉固定在图 7-21 所示位置，再用螺钉把红外接收器与尼龙柱进行固定。如图 7-22 所示。

7.4.5　程序下载

在"arduino 串口下载器"窗口，点击"串口号"，选择相应的串口号，然后点击"下载"，下载成功后，检测实物运行效果。

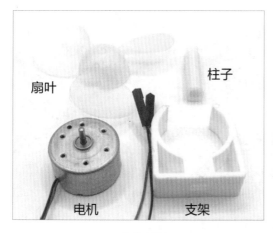
(a) 安装材料

(b) 安装示意图

图 7-21　扇叶及支架组装图

(a) 安装材料

(b) 安装位置

图 7-22　红外接收器组装图

 探究拓展

在前面的程序中我们设置了风扇开启、风扇关闭、风扇摇头,那能不能用按键1、2、3设置一个三挡转速呢?

可以通过遥控器对应的键值设置相应的数字来触发条件,从而改变马达的速度。

首先,使用鼠标点击遥控器部分会出现按键指示框,找到"数字键按下时",如果按下的按键值是数字1,则条件成立,功率设置为35。当按键值等于数字1条件不满足时,执行"否则"程序进入下一个条件判断。如果此刻按下的按键值是数字2,则条件成立,功率设置为55。当按键值等于数字2条件也不满足时,执行"否则"程序,进入下一个条件判断,如果此刻按下的按键值是数字3,则条件成立,功率设置为75。具体如图7-22所示。如果以上三个条件都不满足时,找到"数字键按下时"重新判断。

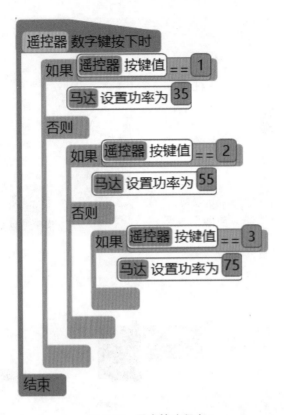

图 7-22 风扇转速程序

第 8 章　智能电风扇

在科技高速发展的今天,智能家居其实已经悄悄进入了我们的生活,例如,能够用语音控制的浴霸、可以净化空气的扫地机器人、自动感应光线的窗帘、智能门锁等(图 8-1),它们给我们的生活带来了很大的便利。那么,智能家居相比传统家居最大的区别在哪里呢?

图 8-1　扫地机器人和自动感应窗帘

智能家居增加了传感器来测量、分析与控制系统设置,需要对居住环境进行"人性化"的数据采集,也就是把家居环境中的各种物理量、化学量、生物量转化为可测量的电信号,然后控制电器的运行。

下面我们就来介绍一款智能风扇(图 8-2),你能够指出现有这款普通风扇的缺点,并加以改进吗?

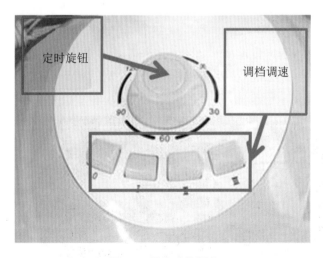

图 8-2　风扇功能调节

生活中常见的电风扇一般有以下几个功能:开关、定时、调档,虽然可以进行定时,但是不能根据环境实时调整风速,比如深夜,温度会降低,此时风扇转速最好也能降低,否则人在熟睡时,风扇吹久了会感觉很冷,容易冻感冒。

下面我们就来设计一款可以根据温度自动来调节转速的智能风扇。

8.1　学 习 任 务

(1)学习温度传感器的原理和使用。

(2)了解不同温度传感器的原理和区别。

(3)完成智能风扇的设计制作。

8.2　实 验 材 料

Arduino 主控板×1、LG 拓展板×1、USB 数据线×1、电池×1、按键传感器×1、四位数码管模块×1、温度传感器×1、马达驱动器×1、电机×1、杜邦线若干。

8.3　知 识 准 备

DS18B20 是一种常见的数字温度传感器(图 8-3),其控制命令和数据都是以数字信号的方式输入、输出的,相比较于模拟温度传感器,具有功能强大、硬件简单、易扩展、抗干扰性强等特点。DS18B20 可以程序设定 9~12 位的分辨率,精度为 ±0.5 摄氏度,也可选更小的封装方式,更宽的电压适用范围。分辨率设定和用户设定的报警温度存储在 EEPROM 中,

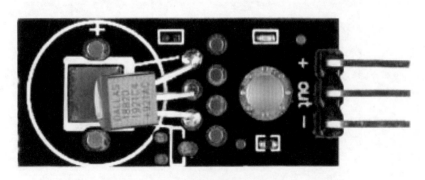

图 8-3　DS18B20 温度传感器

断电后依然保存。DS18B20 的性能是新一代产品中最好的。DS1822 与 DS18B20 软件兼容,是 DS18B20 的简化版本。DS18B20 温度传感器省略了存储用户定义报警温度、分辨率参数的 EEPROM,精度降低为 ±2℃,适用于对性能要求不高、成本控制严格的应用,属于经济型产品。DS18B20 该模块一共有 3 个引脚,"-"接 GND,"+"接 VCC,OUT 接信号端口。

测温范围:-55~125 摄氏度;在-10~85 摄氏度范围内误差为温度传感器 ±0.4 摄氏度。

模拟温度传感器:热敏电阻,可通过温度的变化改变电阻值,一般再接一个分压电阻,串联到 VCC 和 GND 之间,需要用 AD 转换芯片将模拟信号转换为数字信号才能供单片机使用。如图 8-4 所示。

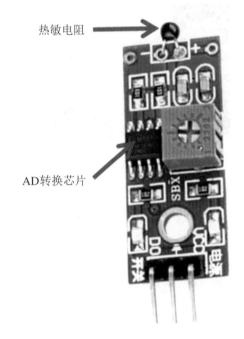

图 8-4　模拟温度传感器

DS18B20 内部集成了模拟温度传感器所需的电路,其内部也相当于有个小芯片,将模拟信号处理成数字信号后存到 RAM 中,再通过引脚将信号传给单片机使用。

(1) 适应电压范围更宽,电压范围为 3.0~5.5 伏特,在寄生电源方式下可由数据线供电。

(2) 独特的单线接口方式,DS18B20 在与微处理器连接时仅需要一条口线即可实现微处理器与 DS18B20 的双向通信。

(3) DS18B20 支持多点组网功能,多个 DS18B20 可以并联在唯一的三线上,实现组网多点测温。

除了上述两个温度传感器,我们在前面的学习中还用过 DHT11(温湿度传感器),你还记得吗?

小贴士

DS18B20 与 DHT11 的区别

共同点：两者都是一个数据口，都可以测量温度。

不同点：DS18B20 小巧些（图 8-5(a)）；DHT11 可以测湿度（图 8-5(b)）；DS18B20 测量比 DHT11 测量更加准确。

① DHT11 温度误差为 ±2 摄氏度，其精度是 2。

② DS18B20 测温范围为 −55～125 摄氏度，固有测温误差 1 摄氏度，其精度是 0.5。

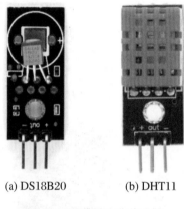

(a) DS18B20　　　　(b) DHT11

图 8-5　两种温湿度传感器

8.4　制 作 流 程

 课堂小目标

(1) 数码管实时显示温度传感器检测到的数值和挡位。

(2) 设置三个温度区间，对应三个风扇挡位，温度越高，挡位越大，风扇的转速也越大。

 开始编程

8.4.1　硬件模拟搭建

1. 选择主控板

单击"模块"→"LG Maker"→"主板类"→"控制器"，并将图 8-6 中箭头所指的控制器拖到界面中央的工作台。

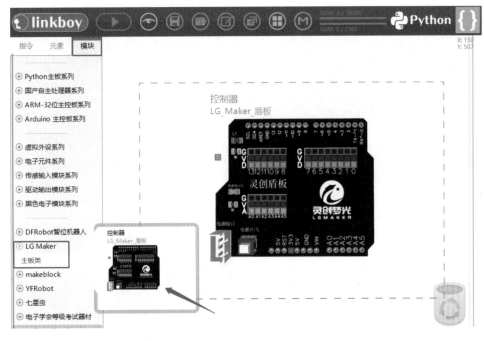

图 8-6　控制器

2. 选择马达驱动器

单击"模块"→"驱动输出模块系列"→"驱动和控制类"→"马达驱动器",并将图 8-7 中箭头所指的马达驱动器拖到工作台。

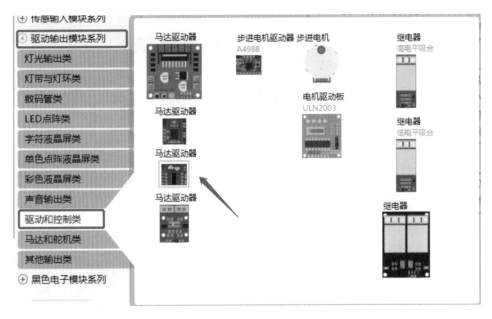

图 8-7　马达驱动器

3．选择马达

单击"模块"→"驱动输出模块系列"→"马达和舵机类"→"马达"，并将图 8-8 中箭头所指的马达拖到工作台。

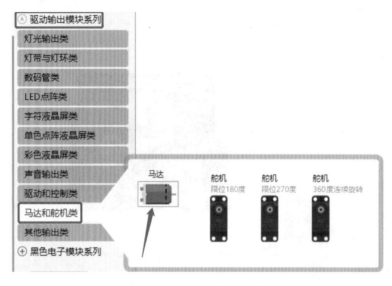

图 8-8　马达

4．选择四位数码管

单击"模块"→"驱动输出模块系列"→"数码管类"→"四位数码管（2 路 74HC595）"，并将图 8-9 中箭头所指的四位数码管拖到工作台。

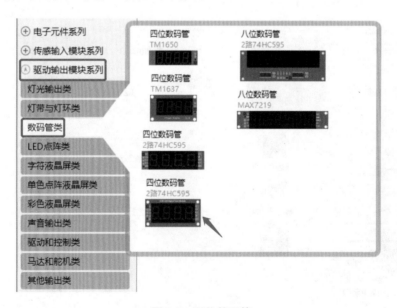

图 8-9　四位数码管

5．选择温度传感器

单击"模块"→"传感输入模块系列"→"数值传感器类"→"温度传感器"，并将图 8-10 中箭头所指的温度传感器拖到工作台。

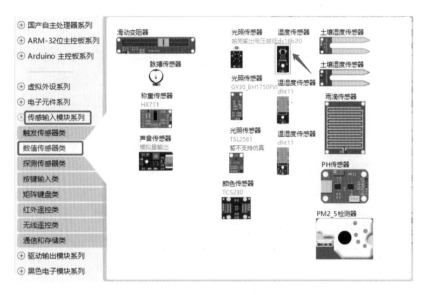

图 8-10 温度传感器

6. 模拟连线

将温度传感器的 OUT 信号管脚连接主控板的 D3 数字管脚，VCC、GND 管脚分别用导线连接主控板的 VCC、GND 管脚。四位数码管模块 SCLK 连接 D7 数字管脚、RCLK 连接 D6 数字管脚、DIO 连接 D5 数字管脚，VCC、GND 管脚分别用导线连接主控板的 VCC、GND 管脚。马达驱动器 A1 连接主控板的 D12 数字管脚，A2 连接主控板的 D11 数字管脚，B1 连接主控板的 D10 数字管脚，B2 连接主控板的 D9 数字管脚。将马达连接到马达驱动器的电机 A 位置处，注意连接位置。模拟电路连接如图 8-11 所示。

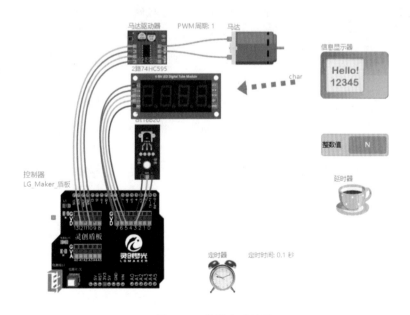

图 8-11 模拟电路连接

8.4.2　程序编写

使用鼠标点击定时器添加"定时器时间到时"事件触发器，将信息显示器清空，然后在信息显示器的第1行第1列向后显示数字温度传感器的整数部分。将变量 N 作为挡位，在四位数码管的第4列显示字符 N。这样可以使用数码管实时显示温度数值和挡位。如图8-12所示。

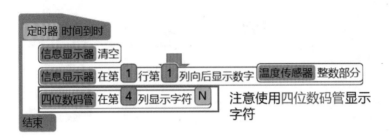

图 8-12　温度显示程序

小贴士

温度传感器使用注意事项

读取到的数据是实际温度的 16 倍，例如，返回数据为 379，那么对应的温度是 379/16＝23.7（摄氏度）。

整数部分：显示当前温度值的整数部分，如 23。

小数部分：显示当前温度值的小数部分，如 7。

原始值：显示读取到的数据，如 379。

具体见图 8-13。

图 8-13　温度传感器界面

设置三个温度区间，对应风扇的三个挡位，温度越高，挡位越大，风扇的转速也越大。

点击"盾板"，添加"控制器反复执行"事件触发器，并在反复执行中添加"如果'条件量'"进行判断。当温度传感器整数部分大于 20 时，将变量设为 N＝1；当温度传感器整数部分大于 25 时，将变量设为 N＝2；当温度传感器整数部分大于 30 时，将变量设为 N＝3；并将马达功率设置为（20＋15）乘上变量 N 的数值，同时设置马达正转。如果温度传感器整数部分大于 20 条件不成立时，执行变量 N＝0，马达停止。如图 8-14 所示。

模拟仿真：点击仿真按钮，数码管实时显示温度数值和挡位。作品会根据当前温度调整速度。如果温度传感器的整数部分数值大于 20，那么将变量 N 设置为 1。如果温度传感器的整数部分数值大于 25，那么将变量 N 设置为 2。如果温度传感器的整数部分数值大于 30，那么将变量 N 设置为 3。这与感应雨刷器程序类似，根据相应温度设置相应的挡位；将马达功率设置为（20＋15）＊N，这里我们将初始功率设置为 20，每个挡位之间相差 15。如果以上条件都不成立，那么执行变量 N 设置为 0，马达停止工作。

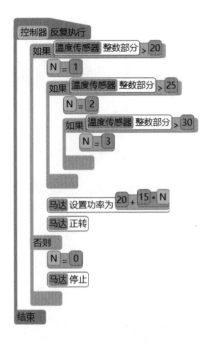

图 8-14　速度调整程序

8.4.3　硬件搭建

　　根据模拟连线图进行硬件线路连接,注意各个模块的信号管脚连接位置一定要和软件模拟连线图一致。马达驱动器硬件采用的是 2 路电机端口,这里我们使用的是电机 A,并且电机的红线接上面,其他模块正常连接。

8.4.4　安装

　　找出 M3×5 螺钉 4 颗、M3 尼龙柱 1 个,先将尼龙柱用螺钉固定如图 8-15 所示位置,然后用螺钉把温度传感器与尼龙柱进行固定,其他模块保持位置不变。

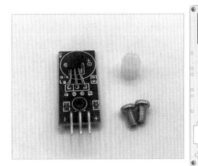
(a) 安装材料

(b) 安装位置

图 8-15　硬件组装图

8.4.5 程序下载

在"arduino 串口下载器"窗口,点击"串口号",选择相应的串口号,然后点击"下载",下载成功后,检测实物运行效果。

 探究拓展

利用之前所学模块,设计一个按键启动按钮。当按下按键后,开启温控模式。添加按钮和整数值 N1。将按钮的 IN 引脚连接主控板的 D2 数字管脚,VCC、GND 管脚分别用导线连接主控板的 VCC、GND 引脚。模拟接线如图 8-16 所示。

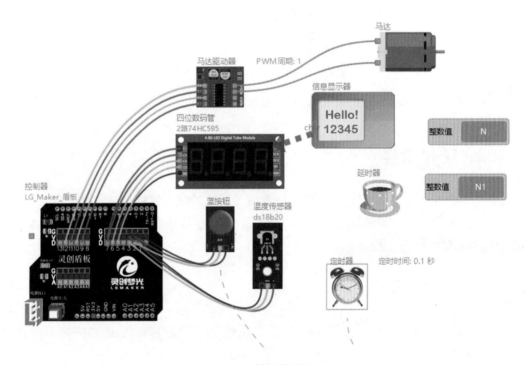

图 8-16　模拟接线图

使用鼠标点击蓝按钮模块,会出现"按钮按下时"和"按钮松开时",添加"按钮按下时",当蓝按钮按下时,将变量 N1 设置为 1,将控制器的指示灯点亮,通过延时器延时 0.5 秒;从指令区添加"等待'条件量'"指令,将"条件量"修改为"蓝按钮按下"。等待蓝按钮再一次按下时,将变量 N1 设置为 0,将控制器的指示灯熄灭,等待 0.5 秒后程序结束。程序如图 8-17 所示。

控制器的反复执行中,再添加"如果'N1 = = 1'"这个条件判断,从而来控制温控模式。并在"如果'N1 = = 1'"下面添加"启动定时器_时间到时"。当第一次按下蓝按钮是 N1 = 1 时,定时器启用。当 N1 = 1 不满足时,执行否则程序,禁止定时器启用,并且将信息显示器清空,控制器的指示灯熄灭,马达停止。程序如图 8-18 所示。

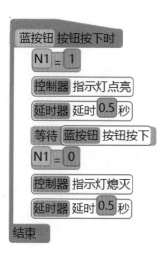

图 8-17　按钮按下程序

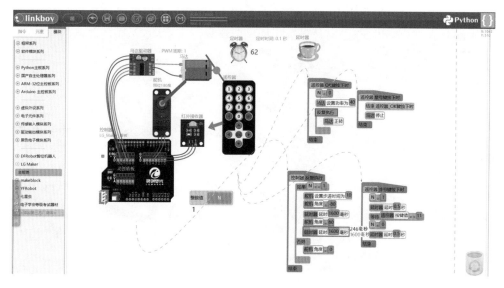

图 8-18　完整速度调整程序

第9章 出门提醒助手

你出门常常丢三落四吗？例如，不是刚刚处理好的垃圾袋没有带下去，就是手机可能落在家里，有的时候钥匙也会落在家里。这种情况在年轻人身上经常出现，更不要说一些老年人。

随着年龄的增加，老年人的记忆力会大幅衰退，常常有老年人出门忘带钥匙，导致自己被锁在家门外，或忘关煤气、电器，导致意外情况发生。

年轻人经常会使用便利贴(图 9-1)来提醒自己，将写好的便利贴贴在门口，对于一些老年人来说这可能就不是很实用了，有些老年人不识字，有些甚至可能都看不到自己贴的便利贴。如果能有一个智能机器，可以在自己出门的时候提醒带钥匙、关煤气等就太好了。

图 9-1 便利贴

今天我们就来设计一款出门提醒器，它是如何工作的呢？需要哪些模块呢？

9.1 学 习 任 务

(1) 学习语音录放器的使用方法。
(2) 掌握按键切换模式。
(3) 完成出门提醒助手的设计制作。

9.2 实验材料

Arduino 主控板×1、LG 拓展板×1、USB 数据线×1、电池×1、超声波测距器×1、语音录放器×1、多色灯×1、按钮×3、杜邦线若干。

9.3 知识准备

9.3.1 语音录放器

本章提及的语音录放器支持 10 秒语音录放,具有循环播放、点动播放、单遍播放功能(图 9-2)。可用单片机进行控制,本模块可以直接驱动 8 欧姆 0.5 瓦特的小喇叭。该模块有 6 个引脚,VCC 接正极,GND 接负极,P-L、P-E、REC 输出口接数字信号端口,FT 不接线(咪头播放)。因为模块的输出功率较小,所以声音较小。

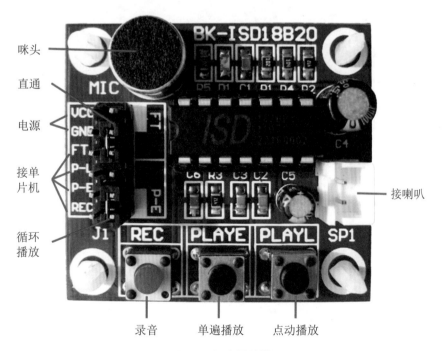

图 8-2 语音录放器

(1) REC 键:录音按键,按住就能录音,松开停止录音。

(2) PLAYE 键:触发模式放音,按一下就能播放整段录音。

（3）PLAYL 键：电动模式放音，按住才放音，松开就停止放音。

（4）REL 跳线：循环播放模式控制，可循环播放。

（5）FT 跳线：直通控制，可使咪头语音直通到喇叭放音，充当喊话器使用。

9.3.2　计时器

计时器（图 9-3）是 linkboy 软件中的一个软件模块，相当于秒表功能，通过"开始计时"和"暂停计时"控制秒表工作，"清零"使秒表复位变成 0，"计时时间"是秒表当前的时间。此计时器的时间分辨率是毫秒（1 秒＝1000 毫秒），也就是每过 1 毫秒数字增加 1 秒。

图 9-3　计时器

9.4　制　作　流　程

课堂小目标

（1）能够进行录音，并且有人经过时可以进行录音播放。

（2）能够实现固定语音播放和单次设定语音播放。

（3）使用多色灯区分不同工作状态。

开始编程

9.4.1　硬件模拟搭建

1. 选择主控板

单击"模块"→"LG Maker"→"主板类"→"控制器"，并将图 9-4 中箭头所指的控制器拖到界面中央的工作台。

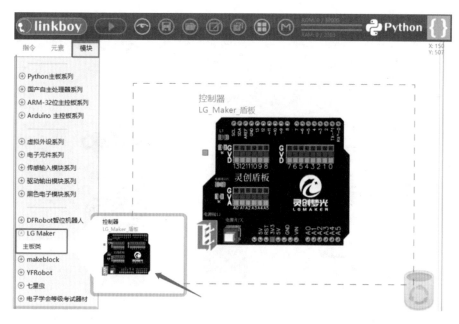

图 9-4　控制器

2. 选择语音录放器

单击"模块"→"驱动输出模块系列"→"声音输出类"→"语音录放器",并将图 9-5 中箭头所指的语音录放器拖到工作台。

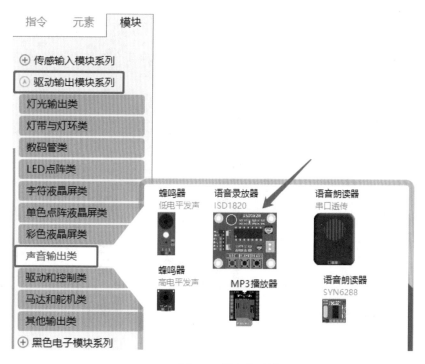

图 9-5　语音录放器

3. 选择超声波测距器

单击"模块"→"传感输入模块系列"→"探测传感器类"→"超声波测距器（不精确）"，并将图 9-6 中箭头所指的超声波测距器拖到工作台。

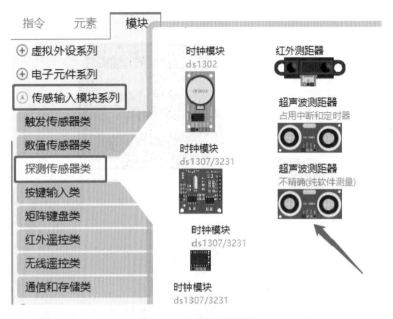

图 9-6　超声波测距器

4. 选择按钮

单击"模块"→"传感输入模块系列"→"按键输入类"→"红按钮"，并将图 9-7 中箭头所指的红按钮拖到工作台，这里一共需要 3 个按钮，因此需要拖 3 个红按钮出来，然后将其分别命名为单次录音、固定录音、停止录音。

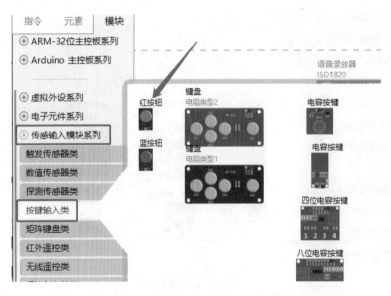

图 9-7　红按钮

5. 选择多色灯

单击"模块"→"黑色电子模块系列"→"灯光输出类"→"多色灯",并将图 9-8 中箭头所指的多色灯拖到工作台。

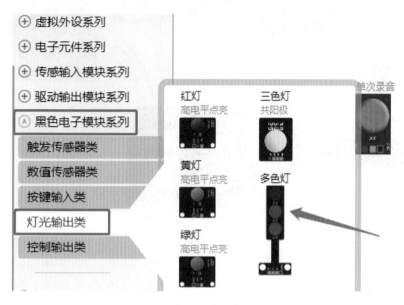

图 9-8　多色灯

6. 选择定时器、延时器,添加变量 N

单击"模块"→"软件模块系列"→"定时延时类"→"定时器""延时器",并将其拖到工作台。

单击"元素"→"整数类型 N",并将整数类型 N 拖到界面工作台,重新命名为"模式"。

7. 模拟连线

由于模块较多,连线时不同模块之间尽量空一个引脚,便于区分和检查。语音录放器 4 个数字引脚只需要连接 3 个,R－L 连接 4 号数字管脚,R－E 连接 3 号数字管脚,REC 连接 2 号数字管脚,VCC 与 GND 正常连接在主控板的 V 和 G 管脚。超声波测距器的 Trig 和 Echo 分别连接 7 号和 6 号数字管脚,单次录音按钮的 OUT 管脚连接 8 号数字管脚,固定录音按钮的 OUT 管脚连接 10 号数字管脚,停止录音按钮的 OUT 管脚连接 12 号数字管脚,其 VCC 与 GND 正常连接主控板的 V 和 G 管脚即可。将多色灯接在模拟端口一列,R、Y、G 分别接在 A2、A1、A0 管脚,GND 管脚任接在其中的 G 管脚即可。

9.4.2　程序编写

点击主控板,选取"控制器反复执行"事件触发器,设置"多色灯绿灯"点亮,将其作为通电工作状态显示。从指令中调出条件语句"如果'条件量'",条件量是"单次录音按钮按下或者固定录音按钮按下",达到这两个其中任意一个条件时"语音录放器开始录音",此时"多色灯黄灯点亮"表示正在进行录音。这里采用计时器进行录音计时,主要是用于播放录音时给

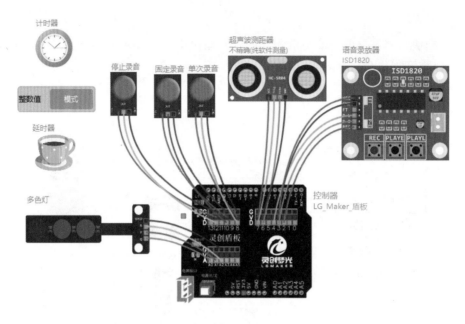

图 9-9　模拟连线

予准确的播放录音时间，因此"计时器清零"后"计时器开始计时"。从指令中添加一个"等待'条件量'"指令，即"等待停止录音按钮按下"时"语音录放器停止录音"，停止录音后黄灯就熄灭了，此时计时器也会暂停计时。

　　由于该系统设置了两种模式，因此鼠标点击单次录音按钮，选择"单次录音按钮按下时"指令，里面设置指令"模式＝1"，同样方法将"固定录音按钮按下时"里面设置"模式＝2"。如图 9-10 所示。

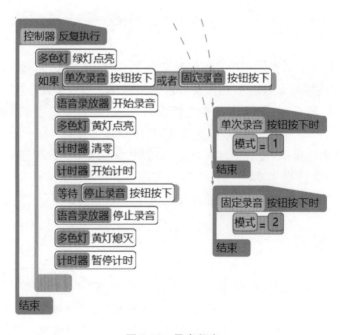

图 9-10　录音程序

第二步设置检测播放程序,在检测之前注意在"计时器暂停计时"下面设置"延时器延时 2 秒",防止在录音结束时,人还在旁边,被检测到立即进行播放。然后从指令中再添加条件指令"如果'条件量'",条件量有两个,一个检测是否已经录音,另一个检测是否有人经过,两者缺一不可。检测是否有人经过主要通过检测超声波到障碍物之间的距离是否小于 300,检测是否录音通过模式状态进行判断,"模式 = = 1"或者"模式 = = 2"都说明已经录音。当触发条件后,"多色灯红灯点亮"表示此时正在播放录音,重复播放 2 次,延时的时间是计时时间的 2 倍。再加入条件判断语句,判断此时是否模式 = = 1? 模式是 1 时单次播放,所以在播放完成后,会将模式设为 0,等待下一次的录音,红灯也随之熄灭;反之,如果是固定播放,即模式 = = 2,红灯虽然也会熄灭,但是下次有人经过,就会进行播放。如图 9-11 所示。

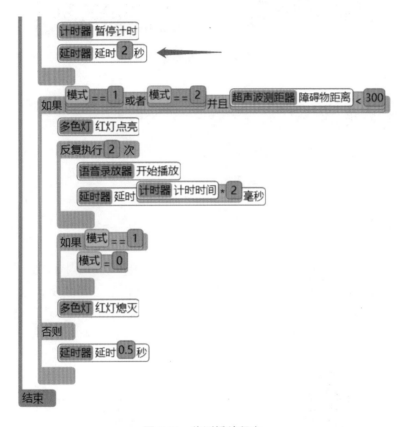

图 9-11 侦测播放程序

模拟仿真:点击仿真按钮,绿灯点亮,然后鼠标移到超声波测距器上方灰色方条,先将其调到大于 300 处,然后点击单次录音,黄灯点亮,最后点击停止录音,黄灯熄灭,将超声波测距器调到小于 300,此时红灯点亮。由于仿真时软件无法录音,因此也不能播放,只能测试相应状态,当模拟播放结束后,模式变为 0,红灯熄灭。测试距离仍小于 300 时,红灯也不会点亮。按照此方式可以再测试固定录音。如图 9-12 所示。

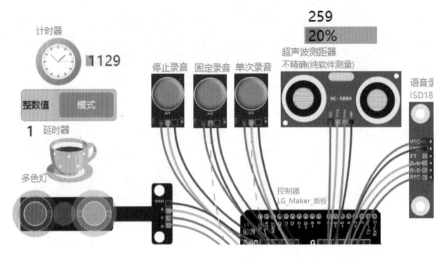

图 9-12　模拟仿真图

9.4.3　硬件搭建

根据模拟连线图进行硬件线路连接，注意各个模块的信号管脚连接位置一定要和软件模拟连线图一致。语音录放器要连接喇叭才能使用。

9.4.4　安装

找出 M3×5 螺钉 8 颗、M3×7 尼龙柱 5 个，采用对角安装方式固定语音录放器模块，先将 2 个尼龙柱用螺钉固定在图 9-13 所示位置，然后用螺钉把语音录放器与尼龙柱进行固定。3 个按钮的安装方式如声音录放器模块一样。超声波测距器和多色灯已经组装完成，直接插在如图 9-13 所示位置即可。

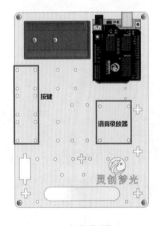

(a) 安装位置

(b) 按键可按照停止、固定、单次顺序安装，
语音录放器对角安装两个螺柱

图 9-13　硬件组装图

9.4.5　程序下载

在"arduino 串口下载器"窗口，点击"串口号"，选择相应的串口号，然后点击"下载"，下载成功后，检测实物运行效果。

探究拓展

使用单传感器，无法分辨你是进门还是出门，每次开门它都会进行提醒，那么能不能设置只有出门时才提醒呢？

可以采用两个超声波测距器，利用其感应的先后顺序设置其单向工作。在软件中再添加一个超声波测距器，并模拟连线。然后在原来程序的基础上进行修改，在上一个超声波侦测的条件语句外面再添加一个条件语句，条件量是"新添加的超声波距离障碍物距离＜300"，最后加一个延时器，即经过两个超声波之间有个短暂的时间差。如图 9-14 所示。

图 9-14　单向侦测

将程序下载进行测试，注意两个超声波摆放的位置。

第 10 章 抢 答 器

抢答器(图 10-1)是一种应用非常广泛的设备,在各种竞赛、抢答场合中,当提问者提出问题后,选手按下抢答器,它能迅速、客观地分辨出最先获得发言权的选手。

图 10-1 抢答器

目前用于知识竞赛的抢答器有以下三种:电子抢答器、电脑抢答器、手机抢答器。

电子抢答器,其主控器是电子控制器;它的中心构造一般由单片机以及外围电路组成。电子抢答器功能相对简单,能够完成简单的抢答和计分功能。其优点是相对使用费用不高,适用于对知识竞赛要求不高的学校以及小型企事业单位;缺点是每个组件需要一个工作人员来操作,现场配合必须熟练才行,否则容易出错;现场电路、线路和接头较多,对线路的连接要求高,在实际使用中稍不注意接头的地方就容易接触不良,甚至松开,从而影响抢答和计分的效果。

电脑抢答器,其主控器使用的是电脑,靠电脑来识别抢答成功者和抢答违规者。高端的电脑抢答器可以完成显示题目、抢答、计分、计时,以及与选手、主持人、评委、观众互动等一体化流程,所有的操作只需要一人完成。

手机抢答器,用手机作为抢答按钮的抢答器,严格来说,手机抢答器是抢答器中最高端的,是手机和电脑结合的抢答器。这种抢答器及其软件可通过租用方式使用,用户只需通过浏览器连接软件商提供的网址即可,而选手的手机端操作更是简单,只需扫描二维码,输入选手编号和密码即可以进入抢答界面。

10.1　学 习 任 务

（1）掌握四位数码管模块的使用方法。
（2）学会按键的禁用与启用。
（3）完成抢答器的设计制作。

10.2　实 验 材 料

Arduino 主控板×1、LG 拓展板×1、USB 数据线×1、电池×1、按键×3、四位数码管×1、杜邦线若干。

10.3　知 识 准 备

按键是一种触发式元件，基础原理就是断开、导通电路，这种按键有 4 个引脚，初始状态下 1－3、2－4 不通，1－2、3－4 处导通；当按下按键时，1－2、3－4、1－3、2－4 处都导通。如图 10-2 所示。

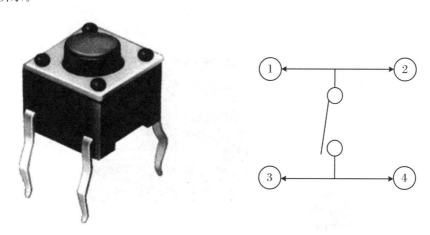

图 10-2　按键原理图

按键模块 3 个引脚，VCC 接正极，GND 接负极，OUT（表示输出）接数字端口，主板会接收按钮从 OUT 发出的信号，经过盾板输出给执行器，当按键松开时，主板接收不到信号，全部结束。

10.4 制作流程

课堂小目标

(1) 按下不同的按键,四位数码管上会显示不同的数字。

(2) 当其中一个按键按下时,其他按键按下没有效果。

开始编程

10.4.1 硬件模拟搭建

1. 选择主控板

单击"模块"→"LG Maker"→"主板类"→"控制器",并将图 10-3 中箭头所指的控制器拖到界面中央的工作台。

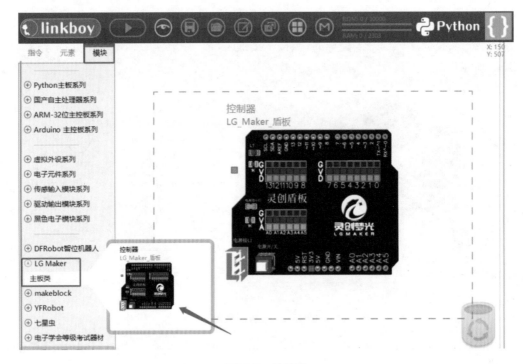

图 10-3 控制器

2. 选择四位数码管

单击"模块"→"驱动输出模块系列"→"数码管类"→"四位数码管",将图 10-4 中箭头所指的光照传感器拖到工作台。

图 10-4　四位数码管

3. 选择红按钮

单击"模块"→"传感输入模块系列"→"按键输入器类"→"红按钮",然后将图 10-5 中箭头所指的红按钮拖到工作台(共 3 个)。

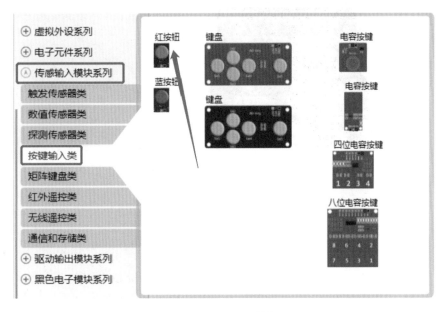

图 10-5　红按钮

4. 选择延时器和信息显示器

单击"模块"→"软件模块系列"→"定时延时类"→"延时器",并将延时器拖到工作台。

单击"模块"→"软件模块系列"→"模块功能拓展类"→"信息显示器",并将信息显示器拖到工作台。

5. 模拟连线

将 3 个按键依次摆放好,分别将红按钮 2 的 IN 引脚连接主控板的 D11 数字管脚,红按钮 1 的 IN 引脚连接主控板的 D9 数字管脚,将红按钮的 IN 引脚连接主控板的 D7 数字管脚,VCC、GND 管脚分别用杜邦线连接主控板的 VCC、GND 管脚;将四位数码管的 SCLK 管脚连接主控板的 D5 数字管脚,RCLK 管脚连接主控板的 D4 数字管脚,DIO 管脚连接主控板的 D3 数字管脚,VCC、GND 管脚分别用杜邦线连接主控板的 VCC、GND 管脚。模拟电路连接如图 10-6 所示。

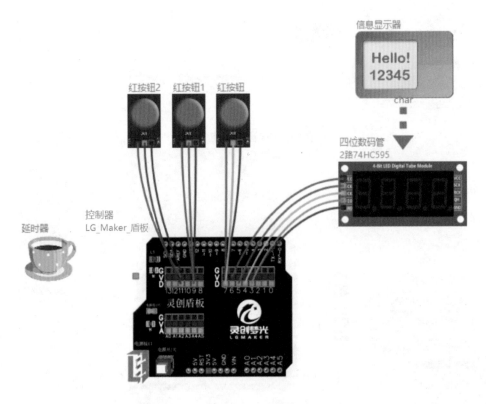

图 10-6　模拟电路连接

10.4.2　程序编写

点击 3 个按钮,分别添加"红按钮按钮按下时""红按钮 1 按钮按下时""红按钮 2 按钮按下时"3 个红按钮,并按下指令(必须全部调出,否则后面程序无法编写)。如图 10-7 所示。

当红按钮按下时,另外两个按钮按下无效。此时在"红按钮按下时"指令中加入两个模块功能指令,点击后出现指令编辑器界面,分别设置为"禁用红按钮 1 按钮按下"和"禁用红

图 10-7 按钮按下时初始程序

按钮 2 按钮按下"。红按钮 1 和红按钮 2 按下时也同理,分别在红按钮 1 和红按钮 2 中禁用其余两个按钮。如图 10-8 所示。

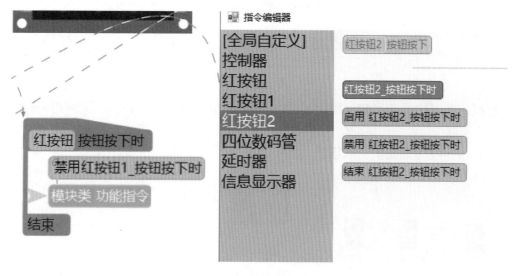

图 10-8 按钮禁用

红按钮按下后,信息显示器清空,在第 1 行第 4 列向前显示数字 1 并延时 5 秒,之后再将禁用的红按钮 1 和红按钮 2 重新启用,信息显示器清空。红按钮 1 和红按钮 2 也如图 10-9 中所示,按下时信息显示器分别显示数字 2 和数字 3。

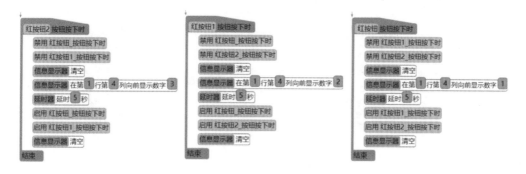

图 10-9 按钮按下总程序

点击控制器空白区域,选取"控制器初始化"事件触发器,添加"启用红按钮_按钮按下时""启用红按钮1_按钮按下时""启用红按钮2_按钮按下时""信息显示器清空"指令。设置初始化程序后,每次程序运行按钮就会重新进入启用状态,同时信息显示器也会清空,重新显示。如图10-10所示。

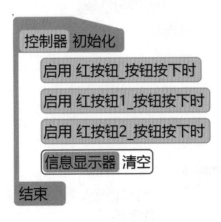

图10-10　初始化程序

模拟仿真:点击仿真按钮,鼠标点击红按钮2,四位数码管显示数字3,此时用鼠标点击红按钮1和红按钮没有任何变化,四位数码管显示的数字不变,5秒后数码管清空,再按下其他按钮后,数码管重新显示新的数字。如图10-11所示。

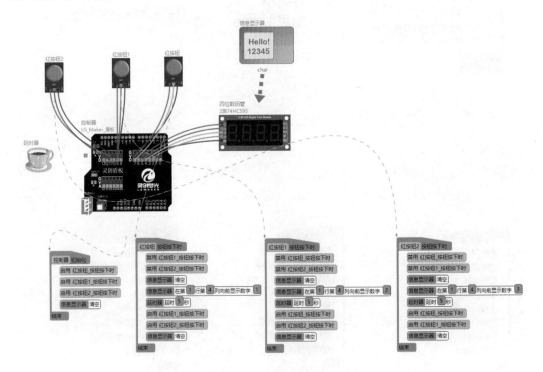

图10-11　模拟仿真图

10.4.3　硬件搭建

根据模拟连线图进行硬件线路连接,3 个按键模块按照顺序依次插入盾板上的 11 号、9 号、7 号引脚接口,四位数码管也按照模拟接线图进行连接。

10.4.4　安装

找出 M3×5 螺钉(较短)12 颗、M3×7 尼龙柱(较短)6 个,采用对角安装方式固定 3 个按键模块,先将 6 个尼龙柱用螺钉固定在如图 10-12(a)所示位置,然后用螺钉把按键与尼龙柱进行固定。四位数码管按图 10-12 所示组装完成,直接插在如图 10-12(b)所示右上角位置即可。

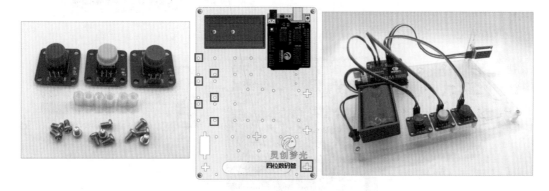

　　　(a) 安装材料　　　　　(b) 安装位置(按键依次从左到右按"1, 2, 1"顺序排列)

图 10-12　硬件组装图

10.4.5　程序下载

在"arduino 串口下载器"窗口,点击"串口号",选择相应的串口号,然后点击"下载",下载成功后,检测实物运行效果。

 探究拓展

添加一个多色灯模块,能不能实现不同按键按下时,用不同颜色的灯来展示呢?

添加多色灯模块,单击"模块"→"黑色电子模块系列"→"灯光输出类"→"多色灯",并将多色灯拖到工作台。

将多色灯模块 G 引脚连接盾板的 A3 端口、Y 引脚连接盾板的 A4 端口、R 引脚连接盾板的 A5 端口、GND 引脚连接盾板的 GND 端口,模拟接线如图 10-13 所示。

红按钮按下时,在信息显示器显示数字的指令下方添加一个绿灯点亮指令,之后在信息显示器清空指令下方添加一个绿灯熄灭指令。程序运行后，当按下红按钮，四位数码管会显示数字1，同时绿灯亮起，延时5秒后四位数码管清空、绿灯熄灭。注意：不同的按钮按下设置不同颜色的灯亮。如图10-14所示。

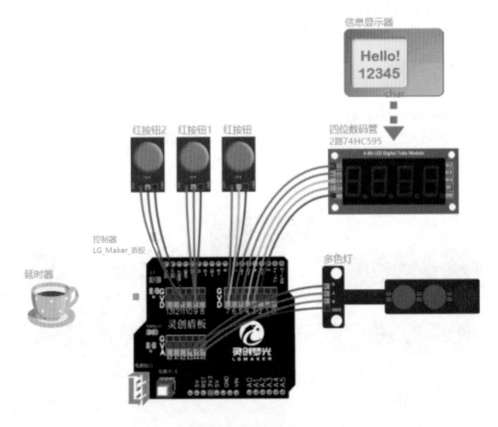

图 10-13 多色灯模拟接线

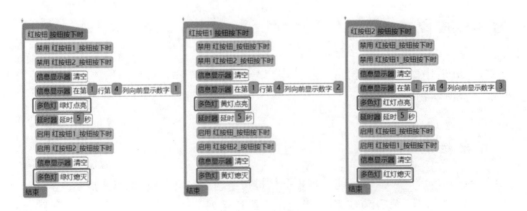

图 10-14 灯亮程序

第 11 章　秒　　表

　　秒表是一种常用的测时仪器,又称"机械停表",由暂停按钮、发条柄头、分针等组成。它是利用摆的等时性控制指针转动而计时的。

　　秒表主要有机械秒表和电子秒表两大类(图 11-1 和图 11-2)。现在大部分场合使用的多是电子秒表,机械秒表已经很少有人使用了。电子秒表是一种较先进的电子计时器,国产的电子秒表一般都是利用石英振荡器的振荡频率作为时间基准,采用 6 位液晶数字显示时间,具有显示直观、读取方便、功能多等优点。

图 11-1　机械秒表　　　　　　　　　图 11-2　电子秒表

　　与机械秒表相比,电子秒表更简单实用,有些电子秒表还可以当作时钟使用。在显示时间方面,电子秒表在计时方面精度更高,一般电子秒表有 3 个按钮,一般左边的按钮是"暂停/回零"、中间的按钮是"功能转换"、右边的按钮是"开始/暂停"。

　　秒表的精度一般在 0.1～0.2 秒,计时误差主要是开表、停表不准造成的。秒表在使用前上发条时不宜上得过紧,以免断裂。使用完后应将表开动,使发条完全放开。不同型号的秒表,分针和秒针旋转一周所计的时间可能不同,使用时要注意。

11.1　学 习 任 务

　　(1) 深入了解数码管的使用。

　　(2) 了解定时器的功能及使用。

　　(3) 巩固变量的使用方法。

11.2　实验材料

Arduino 主控板×1、LG 拓展板×1、USB 数据线×1、电池×1、按键×3、四位数码管×1、杜邦线若干。

11.3　知识准备

当定时器(图 11-3)到指定的时间间隔时,会触发一个"定时器时间到"事件,然后继续从 0 开始计时,直到下一次触发事件,如此反复。注意:当系统启动时,定时器默认是启动状态。我们经常反复执行使用。

图 11-3　定时器

11.4　制作流程

 课堂小目标

(1) 按下开始按键,计时器开始计时。

(2) 按下暂停按键,计时器停止计时。

(3) 按下重新开始键,计时器清零,并开始重新计时。

开始编程

11.4.1 思路设计

定时器思路设计如图 11-4 所示。

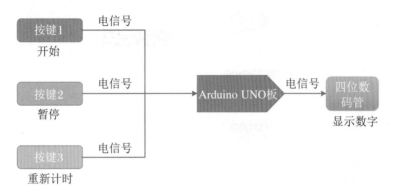

图 11-4 思路设计图

11.4.2 硬件模拟搭建

1. 选择主控板

单击"模块"→"LG Maker"→"主板类"→"控制器",并将图 11-5 中箭头所指的控制器拖到界面中央的工作台。

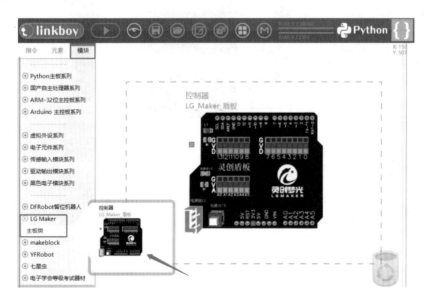

图 11-5 控制器

2．选择四位数码管

单击"模块"→"驱动输出模块系列"→"数码管类"→"四位数码管（2 路 74HC595）"，并将图 11-6 中箭头所指的光照传感器拖到工作台。

图 11-6　四位数码管

3．红按钮

单击"模块"→"传感输入模块系列"→"按键输入类"→"红按钮"，然后将图 11-7 中箭头所指的红按钮拖到工作台（共 3 个）。

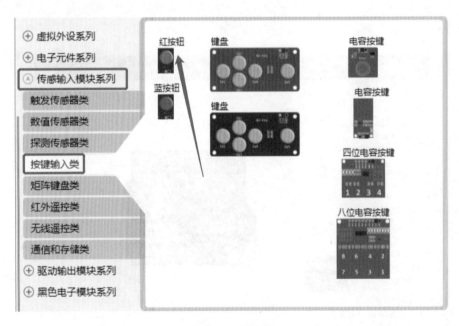

图 11-7　红按钮

鼠标点击红按钮模块,出现的窗口中找到红按钮名称,左键单击名称后可以进行修改,为了方便后续程序仿真时可以区分按键的功能,这里将拖出的 3 个按键分别命名为"开始""暂停""重新开始"。

4．选择延时器和整数类型 N

单击"模块"→"软件模块系列"→"定时延时类"→"延时器",并将延时器拖到工作台。

单击"元素"→"整数类型 N",并将整数类型 N 拖到界面工作台。

5．信息显示器

单击"模块"→"软件模块系列"→"模块功能拓展类"→"信息显示器",并将图 11-8 中箭头所指的信息显示器拖到工作台。

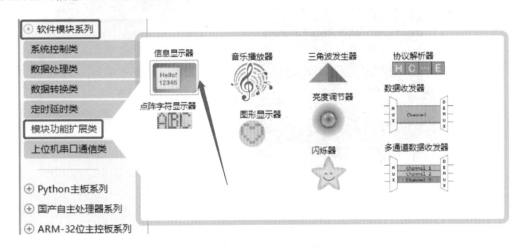

图 11-8　信息显示器

6．模拟连线

将 3 个按键依次摆放好,分别将"开始"按键的 IN 引脚连接主控板的 D10 数字管脚,"暂停"按键的 IN 引脚连接主控板的 D8 数字管脚,"重新开始"按键的 IN 引脚连接主控板的 D7 数字管脚,VCC、GND 管脚分别用杜邦线连接主控板的 VCC、GND 管脚;将四位数码管的 SCLK 管脚连接主控板的 D4 数字管脚,RCLK 管脚连接主控板的 D3 数字管脚,DIO 管脚连接主控板的 D2 数字管脚,VCC、GND 管脚分别用杜邦线连接主控板的 VCC、GND 管脚。模拟电路连接如图 11-9 所示。

11.4.3　程序编写

点击主控板选取控制器"初始化"指令,利用四位数码管来实时显示计时的时间,首先添加"信息显示器清空"指令。下方再添加两个模块功能指令,点击第一个模块功能指令,进入指令编辑器,选择全局自定义 N,将 N 设为"N＝0",此时变量 N 的初始值就为 0;第二个模块功能指令设定为"禁用定时器_时间到时"。这样当程序开始运行时,定时器还是处于停止状态。如图 11-10 所示。

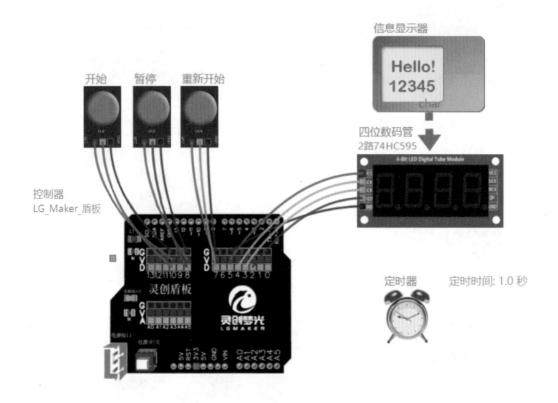

图 11-9　模拟连线

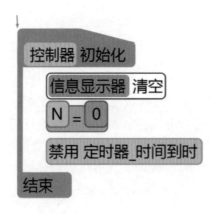

图 11-10　初始化程序 1

从指令中添加一个反复执行放于"禁用定时器_时间到时"的下方,再添加 3 个"如果'条件量'"放在反复执行当中,"条件量"分别为 3 个按钮按下。如果"开始按钮按下",启用定时器时间到时;如果"暂停按钮按下",禁用定时器_时间到时;如果"重新开始按钮按下",将"信息显示器清空",变量 N=0,并启用定时器_时间到时。如图 11-11 所示。

点击"定时器",定时时间使用默认的 1 秒,添加"定时器时间到时"事件指令,当定时时间到时,信息显示器清空,并在信息显示器第 1 行第 4 列向前显示数字 N,之后将 N 增加 1,即使用 N+=1 表示。如图 11-12 所示。

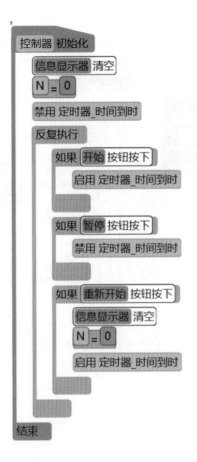

图 11-11　初始化程序 2

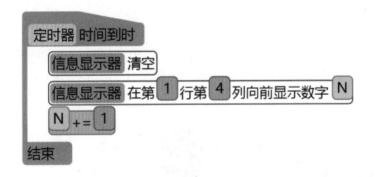

图 11-12　定时器程序

模拟仿真：点击仿真按钮，程序开始运行，此时定时器处于禁用状态，四位数码管未显示任何数字，当鼠标点击"开始"按钮，定时器启用，初始变量 N 为 0，此时四位数码管会显示数字 0，之后将 N 增加 1，当定时器 1 秒到时，四位数码管显示此时的变量 N 即数字 1，之后以此类推，每隔 1 秒，四位数码管数字增加 1。当鼠标点击"暂停"按钮，数码管数字停止增加。当鼠标点击"重新开始"按钮，数码管清空，并从 0 开始重新计时显示数字。如图 11-13所示。

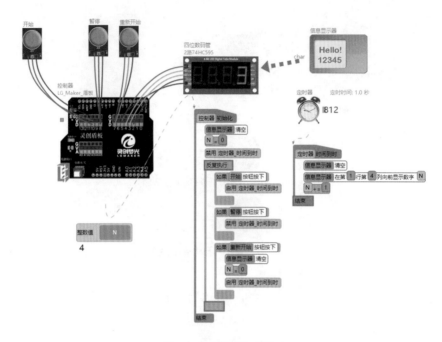

图 11-13　模拟仿真图

11.4.4　硬件搭建

根据模拟连线图进行硬件线路连接，3 个按键模块按照顺序依次插入盾板上的 10 号、8 号、7 号引脚接口，四位数码管也按照模拟接线图进行连接。

11.4.5　安装

找出 M3×5 螺钉(较短)12 颗、M3×7 尼龙柱(较短)6 个(图 11-14(a))，采用对角安装方式固定 3 个按键模块，先将 6 个尼龙柱用螺钉固定在(图 11-14(b)所示)位置，然后用螺钉把按键与尼龙柱进行固定。四位数码管按图 11-14(b)所示组装完成，直接插在右上角位置即可。

(a) 安装材料　　　　　(b) 安装位置(按键依次从左到右按"1, 2, 1"顺序排列)

图 11-14　硬件组装图

11.4.6　程序下载

在"arduino 串口下载器"窗口，点击"串口号"，选择相应的串口号，然后点击"下载"，下载成功后，检测实物运行效果。

探究拓展

能不能将计时器的时间精确度调到更高？

添加整数类型 N1，单击"元素"→"整数类型 N"，并将整数类型 N 拖到界面工作台，此时会自动生成整数类型 N1。新的变量 N1，作为秒数中小数点后面的变量，表示 1/10 秒，即 0.1 秒，并将定时器的定时时间修改为 0.1 秒。

在初始化程序中设置变量 N1 的初始值，将"N1 = 0"添加到"N = 0"的下方。如图 11-5 所示。

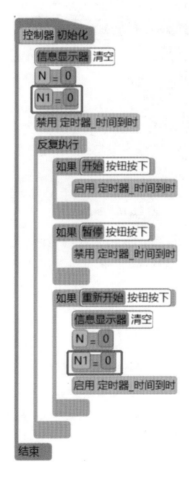

图 11-15　初始化程序

由于增加小数部分的显示，变量 N 调整为在第 1 行第 3 列向前显示，添加信息显示器补齐指令,用字符"0"把数字补齐到 3 位。设置了用指定字符把数字补齐到指定位数之后,那么显示数值的时候,如果数值位数小于指定位数,不足的部分就会用指定的字符填充。小数点的显示需要使用四位数码管指令,小数点从左边开始为 1,往右依次递增,根据显示内容,显示第 3 个小数点。小数部分使用变量 N1 表示,所以四位数码管在第 4 列显示字符 N1。添加"N1 + = 1"指令,这样定时器每隔 0.1 秒,四位数码管小数点后一位的数值会增加 1。当 N1 从 1 增加到 10,即增加了 10 个 0.1 秒后,秒数增加 1,此时 N1 数值归零,N 从 0 增加到 1。使用"如果'条件量'"指令,条件量"N1 = = 10"满足后,将 N 加 1,N1 归 0。如图 11-16所示。

图 11-16 定时器程序

点击仿真按钮,程序开始运行,当鼠标点击"开始"按钮,定时器启用,此时四位数码管每隔 0.1 秒钟变换一次数值,满 1 秒后,数值会向前进一位,没有被计时占用的数码管会显示数字 0。如图 11-17 所示。

知识拓展

变量位置调整

观察图 11-17 可以发现,整数值 N1 下方显示的数字 4 比实际数码管中显示的数字 3 多1。出现这个问题主要是由于编写程序先显示 N1 再将 N1 加 1,这就导致变量 N1 的数值比数码管中显示的数多 1。解决这个问题只需要将"N1 + = 1"指令调整到"四位数码管在第 4列显示字符 N1"的上方,同时还需要将变量 N1 的初始值调整为 −1,这样开始计时时,秒表会从 0.0 开始计时。

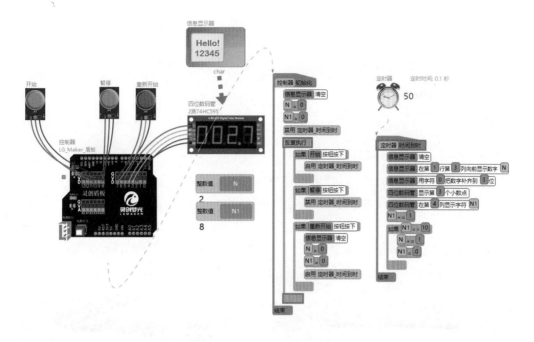

图 11-17 程序仿真

第12章 密码锁

《辞源》曰:"锁,古谓之键,今谓之锁。"《辞海》对其的解释为:必须用钥匙方能开脱的封缄器。另外,锁还有一层意思:"一种用铁环勾连而成的刑具",引申为拘系束缚。

作为家家户户的日常用具,锁的发展可以追溯到原始社会末期。那时随着生产力的不断增加,人类社会逐渐出现了私有制。为了保护自己的私有物品,最早期的锁诞生了。据出土文物考证和历史文献记载,锁具发展至今已有 5000 多年的历史。古代锁的样式如图 12-1 所示。

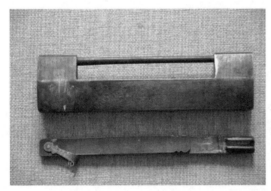

图 12-1　古代锁

人们通常用锁来保护自己的相关物品,比如门锁、手提箱锁等,随着科技的进步,锁的具体样式千变万化,也越来越智能了,比如指纹锁、密码锁、人脸识别等。如图 12-2 所示。

图 12-2　智能锁

下面我们就利用 LCD 液晶显示屏和按键来设计一款密码锁。

12.1　学　习　任　务

（1）认识 LCD1602 液晶显示屏并学习使用。

（2）学习字符串的使用方法。

（3）了解矩阵按键并学习使用。

（4）完成密码锁的程序设计。

12.2　实　验　材　料

Arduino 主控板×1、LG 拓展板×1、USB 数据线×1、电池×1、LCD1602 液晶屏×1、矩阵薄膜按键×1、红灯×1、绿灯×1、杜邦线若干。

12.3　知　识　准　备

12.3.1　矩阵按键

矩阵按键,顾名思义,就是形成矩阵的按键,一般由多行多列组成,图 12-3 是一个 4×4 的矩阵按键;如果是独立按键,需要占用 16 个信号端口,而使用矩阵按键只需要 8 个,那矩阵按键是如何检测哪个按键按下了的呢?

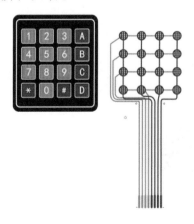

图 12-3　矩阵按键

矩阵按键分为行和列,按键没有按下的时候,行和列是断开的,而当某一个按键按下时,该按键对应的行和列就会短接,电平会变成相同的;由于矩阵按键中没有电阻,因此当按键按下时,一个高电平和低电平短接会把高电平拉低。

12.3.2　LCD1602 液晶屏

液晶,即液态晶体,因其具有特殊的理化与光电特性,在 20 世纪中叶被广泛应用在显示技术上。液晶屏,又称液晶显示器(Liquit Crystal Dsiplay),能够显示图像字符,但是不具备发光功能,如果想看得更清楚,就需要利用外部光源辅助照明。

LCD1602 液晶屏,即 1602 字符型液晶屏,也称 1602 液晶屏,一般按照其分辨率命名,比如 1602 就是分辨率为 16×2,字符型液晶屏能够同时显示 16×2 个字符,即 32 个字符。如图 12-4 所示。它是一种专门用来显示字、数字、符号等的点阵型液晶模块。它是由若干个 5×7 或者 5×11 等点阵字符位组成,各个点阵字符位都可以显示一个字符,每位之间有一个点距的间隔,每行之间也有间隔,起到了字符间距和行间距的作用,正因为如此它不能很好地显示图形。

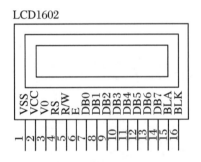

图 12-4　LCD1602 液晶屏

12.3.3　LCD 转接板

1602 字符型液晶屏需要 7 个 IO 端口才能驱动起来,采用 LCD 转接板(图 12-5)只需要 2 个 IO 端口。

另外,转接板上带有背光电源控制,可以通过跳线帽设置是否连接背光电源。插上跳线帽为连接背光电源,拔掉跳线帽为断开背光电源。对比度可调节,旋转蓝色电位器,顺时针方向为增强,逆时针方向为减弱。

图 12-5　LCD 转接板

12.3.4　字符串

字符串是个动态的字符串组件，可以向里面添加相应的中英文信息和数字。

12.4　制 作 流 程

课堂小目标

（1）首先能显示密码位数。

（2）设置密码，当输入密码正确显示绿灯，错误显示红灯。

（3）完成密码锁的设计。

开始编程

12.4.1　硬件模拟搭建

1. 选择主控板

单击"模块"→"LG Maker"→"主板类"→"控制器"，并将图 12-6 中箭头所指的控制器拖到界面中央的工作台。

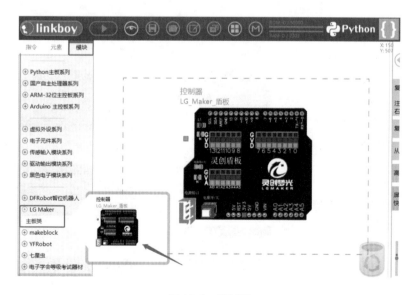

图 12-6　控制器

2. 选择矩阵键盘

单击"模块"→"传感输入模块系列"→"矩阵键盘类"→"矩阵键盘",并将图 12-7 中箭头所指的矩阵键盘拖到工作台。

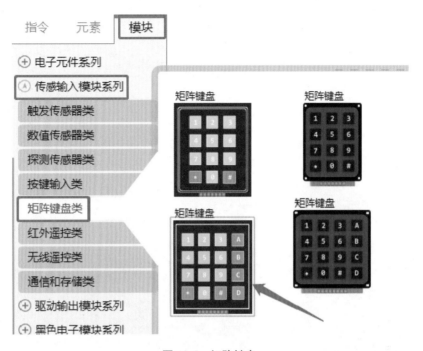

图 12-7　矩阵键盘

3. 选择屏幕 1602

单击"模块"→"驱动输出模块系列"→"字符液晶屏类"→"屏幕 1602（PCF8574 串口 I2C 模式）",并将图 12-8 中箭头所指的屏幕 1602 拖到工作台。

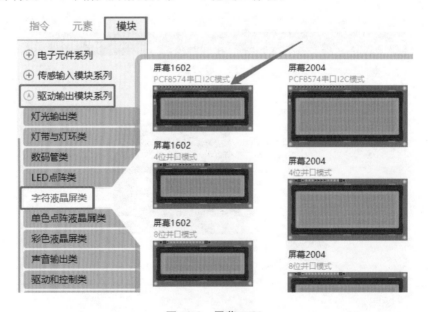

图 12-8　屏幕 1602

4. 选择红灯和绿灯

单击"模块"→"黑色电子模块系列"→"灯光输出类"→"红灯""绿灯",然后将图 12-9 中箭头所指的红灯和绿灯拖到工作台。

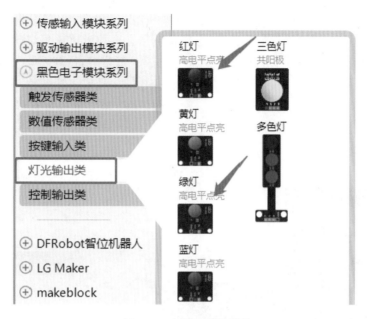

图 12-9　红灯和绿灯模块

5. 选择字符串

单击"模块"→"软件模块系列"→"数据处理类"→"字符串",并将图 12-10 中箭头所指的字符串拖到工作台。

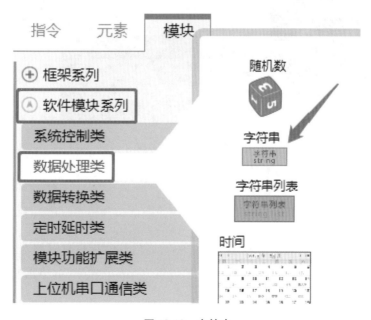

图 12-10　字符串

6. 选择定时器和信息显示器

单击"模块"→"软件模块系列"→"模块功能拓展类"→"信息显示器",并将其拖到工作台。

单击"模块"→"软件模块系列"→"定时延时类"→"定时器",并将其拖到工作台。

7. 模拟连线

按键模块没有正负管脚,只有信息管脚,并且信息管脚数量比较多,按顺序依次接在主控板的数字管脚上,从左到右依次为 12、11、10、9、8、7、6、5 号口,红灯模块的 IN 管脚接在主控板的 3 号数字管脚,绿灯模块的 IN 管脚接在主控板的 2 号数字管脚,VCC 和 GND 各自接在主控板的 V 和 G 管脚。由于数字管口被使用较多,1602 液晶屏可以接在模拟端口,SDA 管脚接在主控板的 A4 管脚,SCL 接在主控板的 A5 管脚,VCC 和 GND 接在主控板的 V 和 G 管脚。如图 12-11 所示。

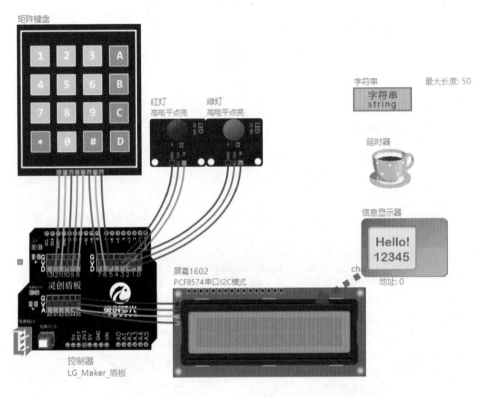

图 12-11　模拟连线

12.4.2　程序编写

第一步,程序初始化。首先清空字符串,然后选择指令"信息显示器在第 2 行第 6 列显示信息",注意千万不能选择"显示数字"指令。设置为第 2 行第 6 列,点击信息,将输入法切换为英文,选择键盘上"_",输入 6 个。

第二步,当按下相应数字按键时显示相应数字。鼠标点击矩阵按键,调出"矩阵键盘任意键按下时",添加红灯和绿灯的初始状态为熄灭,然后选择"字符串添加数字整数值"指令,点击整数值,选择矩阵按键中的"矩阵按键按键值",即按下相应数字,字符串会进行储存,储存的同时,液晶屏也需要显示出来,因此先显示"_____",再让信息显示器在第 2 行第 6 列显示字符串信息,此时有多少数字会覆盖多少"_____"。如图 12-12 所示。

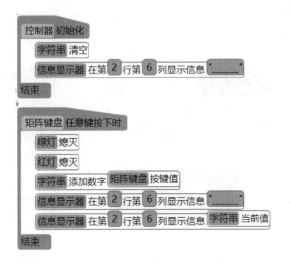

图 12-12 录音程序

每次输入后需要判断输入的密码是否正确,此时需要条件判断语句,首先要判断此时的字符串数目是否达到密码的位数,满足位数后再添加一个条件语句,此时要判断字符串的内容是否和设置的密码相同,即条件量为"字符串内容等于 123456"(大家也可以随意设置一串 6 位数的密码)。当满足这个条件时,绿灯点亮 2 秒后熄灭,否则是红灯点亮 2 秒后熄灭。判断完成后,将字符串与信息显示器清空,然后继续显示"_____"。如图 12-13 所示。

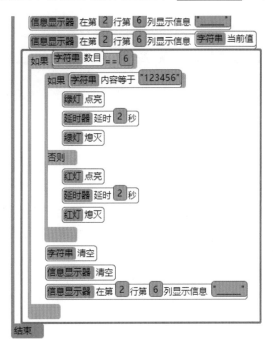

图 12-13 密码判断程序

模拟仿真：点击仿真按钮，依次按下矩阵按键上的数字123456，此时绿灯会点亮2秒，再次输入其他数字，此时红灯会点亮2秒。如图12-14所示。

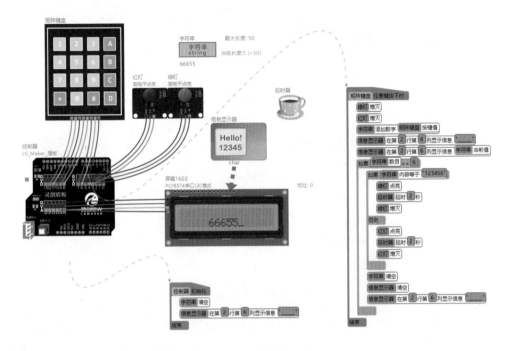

图 12-14　模拟仿真图

12.4.3　硬件搭建

根据模拟连线图进行硬件线路连接，一般矩阵按键都是自带8个连在一起的母头接口，但是主控板7、8号管脚之间有较大空隙，无法直接插入，需要使用公母杜邦线进行过渡连接。红灯、绿灯和液晶屏正常使用杜邦线连接即可。

12.4.4　安装

M3×5 螺钉 12 颗、M3×7 尼龙柱（较短）4 个、M3×15 尼龙柱（较长）4 个（图 12-15（a）），采用对角安装方式固定两个灯模块，液晶屏采用单侧安装。先将两个尼龙柱用螺钉固定在如图 12-15（b）所示的位置，然后用螺钉把液晶屏与尼龙柱进行固定，如图 12-14（b）所示。矩阵按键自带背胶，将其线路从舵机孔穿过，撕下背胶，粘在图 12-15 所示位置。

12.4.5　程序下载

在"arduino 串口下载器"窗口，点击"串口号"，选择相应的串口号，然后点击"下载"，下载成功后，检测实物运行效果。

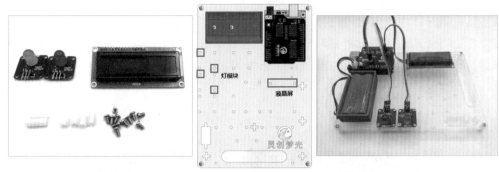

(a) 安装材料　　　　　　　　　　(b) 安装位置

图 12-14　灯与显示屏组装图

图 12-15　矩阵按键组装图

 探究拓展

　　你是不是觉得显示屏的画面有点单调了呢? 我们可以给程序添加一些信息, 使其变得丰富多彩一些, 比如密码输入提示、输入错误与正确提示等。

　　在初始化中添加一条信息显示指令, 信息填入"input password:", 即"请输入密码:", 注意要显示在第 1 行, 防止覆盖第 2 行的信息, 然后添加一个整数值 N, 设置其初始化为 N = 0, 为接下来的输入密码次数做准备。整体程序如图 12-16 所示。

　　当密码正确后, 会在第 1 行显示密码正确"PW correct", 第 2 行显示欢迎词"Hello Vincent!"。当输入密码错误时会提示输入错误的次数"wrong time!"。由于变量无法直接插在两个字符串中间, 因此使用"屏幕 1602 在第 1 行第 7 列显示字符"指令, "wrong"一共 5 个字符,空一格,因此在第7列显示字符N,并且在此程序前添加自增指令N+＝1,记录错误次数。然后添加条件语句,当N＝3,即输入3次错误后蜂鸣器发声,提示5秒后输入"wait 5 seconds!"由于此程序下方已有延时2秒,因此再在条件语句中添加一个延时3秒即可,再让N归零,开始下一轮密码输入。如图12-17所示。

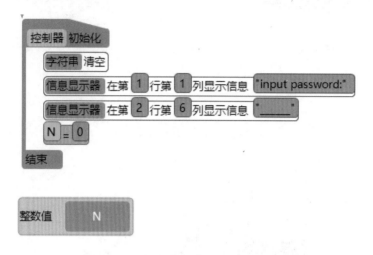

图12-16 提示输入密码程序

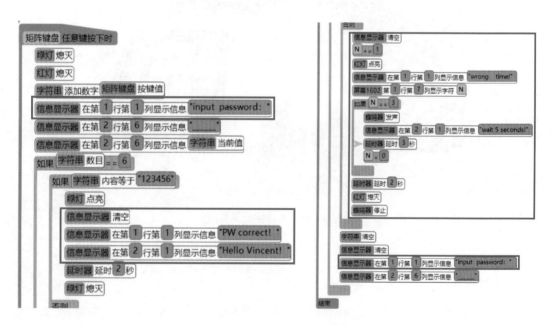

图12-17 正确错误显示程序

第 13 章 计 算 器

古代，人们最早使用手指计数，后来发展为用石头计数。由于手指计数和石头计数的局限性，聪明的古人又发明了结绳计数的方法。再后来，在商周时期，出现了算筹。古代的算筹实际上是一根根同样长短和粗细的小棍子，270 多枚为一束；多用竹子制成，也有用木头、兽骨、象牙、金属等材料制成的。数学家祖冲之计算圆周率时使用的工具就是算筹。但算筹的缺点是计算时需要慢慢摆放，很不方便。于是，人们发明了更好的计算工具——算盘。算盘采用进位制计数，使用时比较方便，一直流传至今。

古代的计数工具如图 13-1 所示。

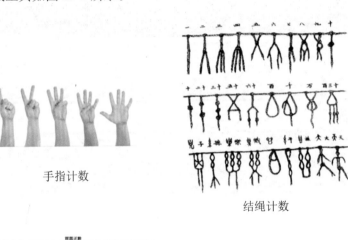

手指计数

结绳计数

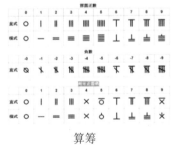

算筹

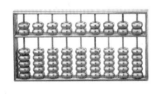

算盘

图 13-1　古代的计算工具

15 世纪，随着天文和航海的发展，计算工作越来越繁重，计算工具亟须改进。1630 年，英国数学家奥特雷德在使用当时流行的对数刻度尺做乘法运算时，突然想到，如果用两根相互滑动的对数刻度尺，就能省去用两脚规度量长度了。他的这个想法为机械化计算的诞生奠定了基础，但奥特雷德对这件事情并没有在意，此后 200 年里，他的发明也就没有被实际应用。

18 世纪末,发明蒸汽机的瓦特成功制作了第一把计算尺,他在尺座上增加了一个滑标,用来"存储"计算的中间结果,这种滑标在很长一段时间内一直被后人所沿用。

1850 年以后,计算尺迅速发展,成为工程师随身携带的"计算器",一直到 20 世纪五六十年代,计算尺仍然是工科大学生的一种身份标志。

1642 年,19 岁的帕斯卡发明了人类有史以来第一台机械计算机——帕斯卡加法器(图 13-2)。它是一种系列齿轮组成的装置,外形像一个长方盒子,用儿童玩具那种钥匙旋紧发条后才能转动,只能够做加法和减法。然而,即使只做加法,也有个"逢十进一"的进位问题。聪明的帕斯卡采用了一种小爪子式的棘轮装置。当定位齿轮朝 9 转动时,棘爪便逐渐升高;一旦齿轮转到 0,棘爪就"咔嚓"一声跌落下来,推动十位数的齿轮前进一挡。

图 13-2 帕斯卡加法器

下面我们就来设计一款简易的计算器,利用 LCD 液晶显示屏和按键来完成这个作品。

13.1 学 习 任 务

(1) 复习 LCD1602 液晶显示屏和矩阵按键的使用。

(2) 学习条件量的使用方法。

(3) 复习自定义指令在程序中的应用。

13.2 实 验 材 料

Arduino 主控板×1、LG 拓展板×1、USB 数据线×1、电池×1、LCD1602 液晶屏×1、矩阵薄膜按键×1、杜邦线若干。

13.3 制 作 流 程

课堂小目标

(1) 判断是否输入完成。

(2) 判断数据 2 状态。

(3) 判断之前设置按键模式。

开始编程

13.3.1 思路设计

整个程序一共分为两大部分:一部分需要显示出整个运算式,另一部分需要对相关数据进行计算,得出结果并显示(图 13-3)。

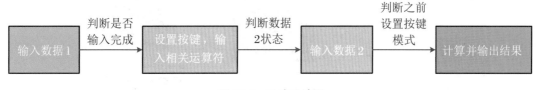

图 13-3 思路设计图

13.3.2 硬件模拟搭建

1. 选择主控板

单击"模块"→"LG Maker"→"主板类"→"控制器",并将图 13-4 中箭头所指的控制器拖到界面中央的工作台。

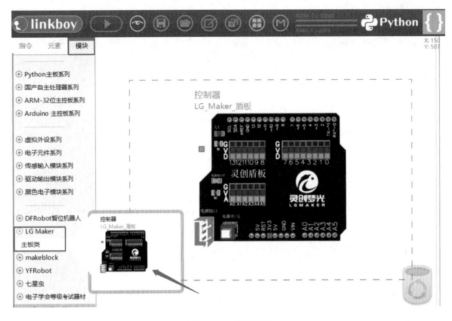

图 13-4　控制器

2. 选择矩阵键盘

单击"模块"→"传感输入模块系列"→"矩阵键盘类"→"矩阵键盘",并将图 13-5 中箭头所指的矩阵键盘拖到工作台。

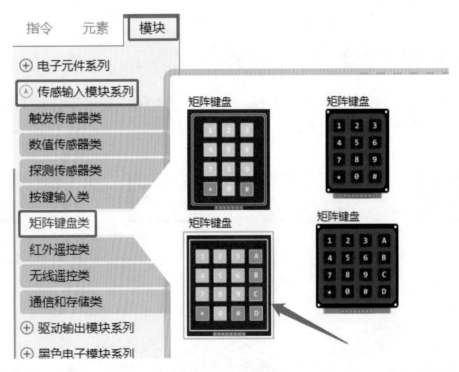

图 13-5　矩阵键盘

3. 选择屏幕 1602

单击"模块"→"驱动输出模块系列"→"字符液晶屏类"→"屏幕 1602（PCF8574 串口 I2C 模式）"，并将图 13-6 中箭头所指的屏幕 1602 拖到工作台。

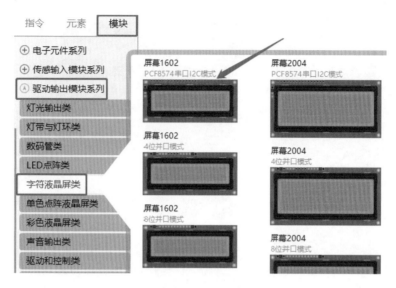

图 13-6　屏幕 1602

4. 选择字符串，分别命名为表达式信息、结果

单击"模块"→"软件模块系列"→"数据处理类"→"字符串"，并将图 13-7 中箭头所指的字符串拖到工作台（2 个），分别命名为表达式信息和结果。

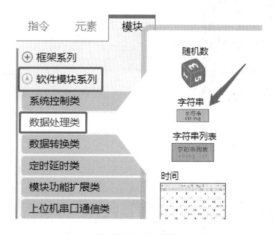

图 13-7　字符串

5. 选择信息显示器

单击"模块"→"软件模块系列"→"模块功能拓展类"→"信息显示器"，并将其拖到工作台。

6. 添加变量和条件量

单击元素→整数类型 N/条件类型 B，并将其拖到工作台。分别建立变量：模式、数据 1、数据 2、输出，以及条件量数据 1 完成、条件量输出完成。如图 13-8 所示。

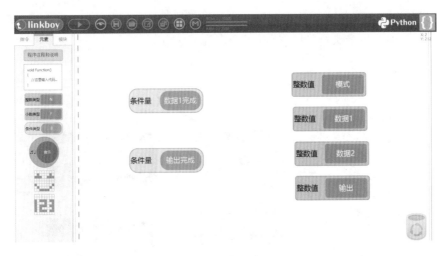

图 13-8　变量建立

7. 模拟连线

按键模块没有正负管脚，只有信息管脚，并且信息管脚数量比较多，按顺序依次接在主控板的数字管脚上，从左到右依次为 12、11、10、9、8、7、6、5 号口，由于数字管口被使用较多，1602 液晶屏可以接在模拟端口，SDA 管脚接在主控板的 A4 管脚，SCL 接在主控板的 A5 管脚，VCC 和 GND 接在主控板的 V 和 G 管脚。如图 13-9 所示。

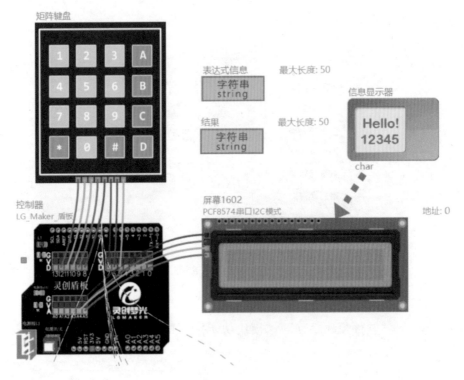

图 13-9　模拟连线

13.3.3　程序编写

1. 数据 1、数据 2 添加数据

当矩阵键盘任意数字键按下时,要向数据 1、数据 2 变量添加数值,首先要判断是向数据 1 进行添加,还是向数据 2 添加,因此采用条件语句进行判断,条件量"非数据 1 完成"表示数据 1 还没有输入完成,此时执行的是如果里面的程序,"数据 1 * = 10"表示每次添加一个数字时即添加了一个位数,原来数据要变大 10 倍,"数据 1 + = 矩阵键盘按键值"即在原来数据的基础上增加了个位数,如第一次按 5,由于数据 1 初始值为 0,数据 1 * = 10 运行结果为 0,数据 1 + = 5 即为 5,再按下 6,由于数据 1 上一轮运行完后为 5,因此数据 1 * = 10 的运行结果为 50,再运行数据 1 + = 6,即为 56。如图 13-10 所示。

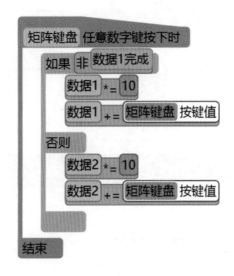

图 13-10　数据输入程序

利用条件量"数据 1 完成"判断第一个数据是否输入完毕,再开始数据 2 的输入,输入方式与数据 1 方式类似。

2. 设置算式显示程序

首先添加自定义指令模块,这是为了简化程序,看起来更方便。如图 13-11 所示。

点击设置,修改名称为"显示当前的表达式"。如图 13-12 所示。

算式显示主要是将输入的数据、运算符等显示在显示器上,这里面主要使用字符串来储存相应的算式,因为算式中不仅含有数字,还含有运算符,不能直接用变量一次性储存。每次运行"显示当前的表达式"脚本时都需要先将字符串清空,再添加新数据,如数据 1,然后用信息显示器显示当前的字符串"表达式信息当前值"。将"显示当前的表达式"脚本放置在数字输入程序中条件判断的最下面,即每次添加完数据 1,同时也要显示出来。如图 13-13 所示。

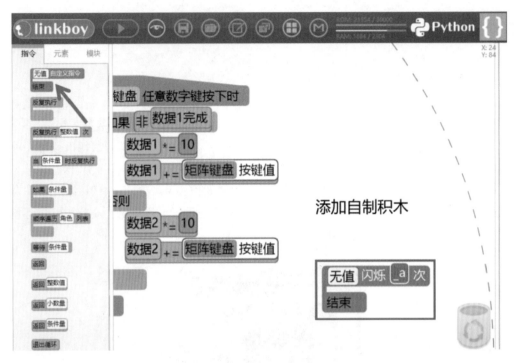

图 13-11　添加自定义指令模块

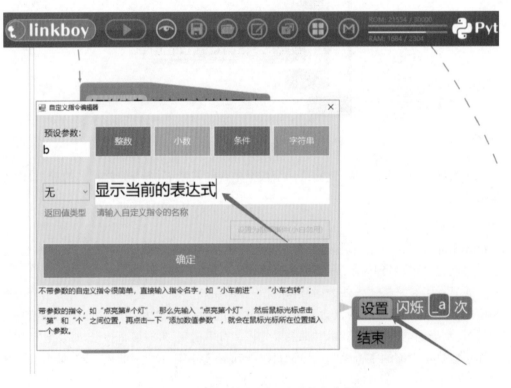

图 13-12　修改名称为"显示当前的表达式"

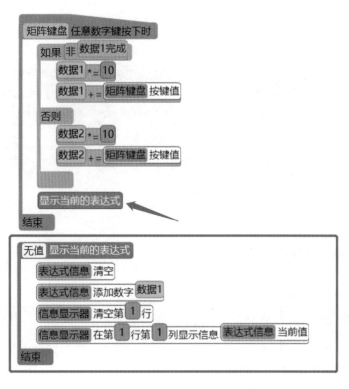

图 13-13   通过显示屏显示数据 1

3．设置运算符

设置 A、B、C、D 四个按键分别为加、减、乘、除四种运算，按下相应按键时会设置变量"模式"值，其分别代表不同的运算方式。如图 13-14 所示。

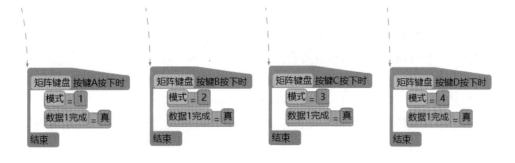

图 13-14   加减乘除四种运算程序

当输入运算符时，就代表着数据 1 已经输入完成，因为需要设置"数据 1 完成＝真"，结束第一个数值输入。

4．运算符显示

继续编辑表达式显示程序，在原程序的基础上加入条件判断指令，即当数据 1 完成后再用 4 个条件语句判断模式值，根据不同的值，向字符串"表达式信息"中添加不同的运算符号。再添加一个条件语句条件量为"数据 2！＝0"，即数据 2 有数据时，向字符串"表达式信息"添加数据 2 字符。然后将"显示当前的表达式"脚本放到 4 个"数据 1 完成＝真"指令下面。如图 13-15 所示。

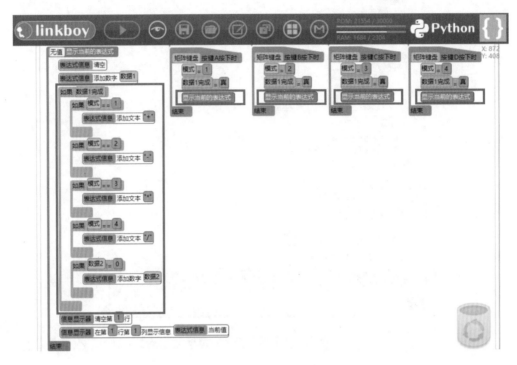

图 13-15　运算符显示程序

5．结果输出

当♯键按下，根据不同的运算模式，设置不同的算式，得出"输出"结果，然后设置"输出完成＝真"，然后在显示指令中将"结果"字符串清空，添加条件语句，判断"输出完成"状态，为真时，向字符串"结果"中添加文本字符"＝"，添加运算结果数字字符变量"结果"。

此时说明整个运算已经结束，设置自制脚本"RST"，在"RST"中添加相关变量初始化指令"数据 1＝0""数据 2＝0""数据 1 完成＝假"和"输出完成＝假"，准备进行下一次运算。并在最后用显示器将字符串"结果当前值"显示在第 2 行。如图 13-16 所示。

模拟仿真：点击仿真按钮，依次按下矩阵按键上的数字，在显示器第 1 行上可以看到对应的运算表达式，当按下♯键时，可以在显示器第 2 行看到运算结果。

13.3.4　硬件搭建

根据模拟连线图进行硬件线路连接，矩阵按键、液晶屏正常使用杜邦线连接即可。

13.3.5　安装

由于在第 12 章已经安装完成，因此直接使用即可。如图 13-17 所示。

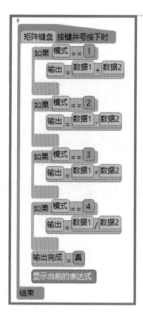

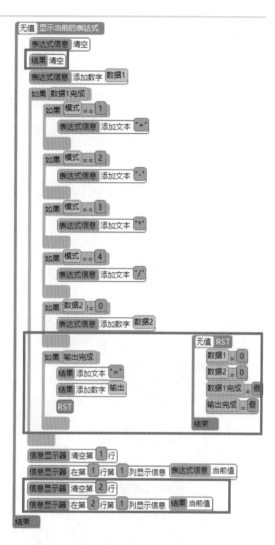

图 13-16 结果输出程序

图 13-17 组装图

13.3.5 程序下载

点击左上角"linkboy",在"arduino 串口下载器"窗口,点击"串口号",选择相应的串口号,然后点击"下载",下载成功后,检测实物运行效果。

探究拓展

有时候在运算过程中输错了数字或者运算符,想要重新进行输入,能设计相关程序解决此问题吗?

我们可以设置当 * 号键按下时,将字符、变量、信息显示器全部清空,开始下一次运算。具体为将字符串"结果"中的数值清空,字符串"表达式信息"中的数值清空,执行复位程序"RST",将信息显示器的第 1 行第 2 行内容清空,并且在信息显示器的第 1 行第 1 列显示表达式信息的内容,在信息显示器的第 2 行第 1 列显示结果的内容。

整体程序如图 13-18 所示。

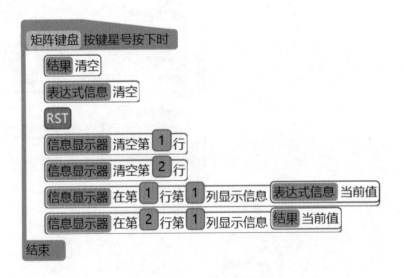

图 13-18 提示输入密码程序

第 14 章　脉搏测量仪

脉搏是人体表能触摸到的动脉搏动,正常情况下脉搏和心跳一致。随着心脏左心室收缩,把血液挤压进入主动脉,然后跟随主动脉传递到全身动脉。血液进入动脉后就会增加动脉压力,使得管径扩张,能在体表浅处动脉摸到此扩张,也就是人们所能感受到的脉搏跳动。

那脉搏一分钟跳多少次算正常?

一般脉搏和心跳一致,健康的成年人脉搏为 60～100 次/分钟;老年人脉搏较慢,为 55～60 次/分钟;脉搏频率跟年龄和性别有关,婴儿脉搏跳动 120～140 次/分钟,幼儿为 90～100 次/分钟,学生期的儿童为 80～90 次/分钟。另外,情绪过于激动、剧烈运动后会使得脉搏加快,睡眠或休息时脉搏减慢。正常情况下,脉率和心率是一致的,研究显示,一定范围内,心率越慢,寿命越长。

脉搏是人体的四大生命体征之一(其他三个生命体征是体温、呼吸、血压),脉搏的跳动与身体的健康紧密相连,因此进行脉搏监测的意义有:

(1) 发现心血管等疾病。

(2) 可以根据脉搏跳动情况,调整运动强度,使其维持在合理心率范围内。

(3) 可以检测早期阿尔茨海默病。

下面介绍脉搏相关数据的含义。

心率(Beat per Minute,BPM)是指一分钟内的心跳次数。得到心率最简单的方法就是计时一分钟有多少次脉搏,但是这种方式测心率,效率极低。另一种方法是,测量相邻两次脉搏的时间间隔(Inter Beat Interval,IBI),再用一分钟除以这个间隔得出心率,单位为秒。

$$BPM = 60/IBI。$$

例如,测得两次波峰的时间为 0.685 秒,则 BPM = 60/0.685 = 87。

图 14-1 所示是现在比较常见指夹式脉搏测量仪。那我们可不可以也尝试制作一个呢?

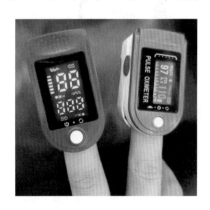

图 14-1　指夹式脉搏测量仪

14.1 学 习 任 务

(1) 了解脉搏传感器的工作原理和使用。
(2) 简单学习串口通信的使用。
(3) 学习波形显示器在串口绘图器中的应用。
(4) 学习如何计算心率值。

14.2 实 验 材 料

Arduino 主控板×1、LG 拓展板×1、USB 数据线×1、电池×1、脉搏传感器×1、四位数码管模块×1、红灯模块×1、杜邦线若干。

14.3 知 识 准 备

14.3.1 脉搏传感器

脉搏传感器(图 14-2)是主要用来测试心跳、脉搏的模拟传感器,将其戴在手上或者耳垂上进行测量。

图 14-2 脉搏传感器

脉搏传感器模块有 3 个引脚，"＋"接的是正极，"－"接的是负极，"S"模拟量输出口接模拟端口。

脉搏传感器采用的是光电容积法，光电容积法的基本原理是利用人体组织在血管搏动时造成透光率不同来进行脉搏测量的。

使用的传感器由光源和光电变换器两部分组成，光源一般采用对动脉血中氧和血红蛋白有选择性的一定波长（500～700 纳米）的发光二极管，当光束透过人体外周血管，由于动脉搏动充血容积变化，导致这束光的透光率发生改变，此时由光电变换器接收经人体组织反射的光线，转变为电信号，并将其放大和输出。

由于脉搏是随心脏的搏动而周期性变化的信号，动脉血管容积也周期性变化，因此光电转换器的电信号变化周期就是脉搏率，采集到的只是对应的电压模拟值，并不是实际心率。如果传感器上的入射光量保持恒定，则信号值将保持在（或接近）512（ADC 范围的中点）。感受更多的光，则信号上升；光线不足，则信号下降。反射回传感器的绿色 LED 发出的光在每个脉冲期间都会发生变化。脉搏传感器效果图如图 14-3 所示。

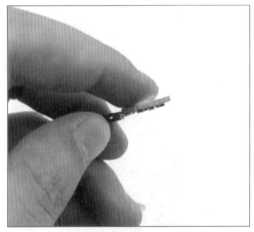

图 14-3　脉搏传感器效果图

基于脉搏传感器搭建的心率脉搏测量系统主要有两种方式（图 14-4）：一种是有线传输方式，另一种是无线传输方式。

脉搏传感器测量注意事项：

（1）保持指尖与传感器接触良好，没有汗水和污迹。

（2）不可太用力按传感器，否则局部血液循环不畅，最终无法测量脉搏。

（3）保持镇静，测量时身体不要过多移动，否则会影响测量结果准确性。

（4）不要用冰凉的手指进行测试，因为血液循环不好会导致测量结果不准确。

心率脉搏测量的方式主要有两种：指尖测量和耳垂测量，具体见图 14-5。

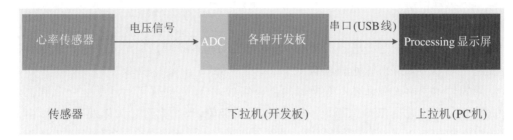

(a) 有线传输方式

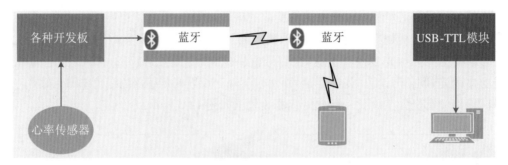

(b) 无线传输方式

图 14-4　心率脉搏测量系统的两种方式

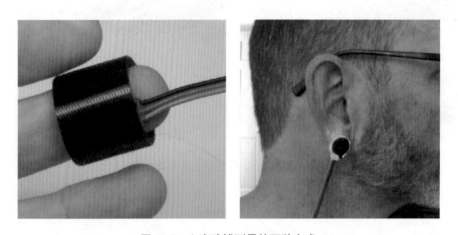

图 14-5　心率脉搏测量的两种方式

14.3.2　串口通信

串口通信组件(图 14-6),通过此组件和电脑通信,将硬件接收的信息传递给电脑。

14.3.3　波形显示器

可以向目标添加波形显示器(图 14-7),通常将此模块连接到串口通信模块上,配合上位机串口示波器,可以显示输出的数据波形信息。

图 14-6　串口通信助手

图 14-7　波形显示器

14.3.4　计时器

图 14-8　计时器

计时器(图 14-8)相当于秒表功能,通过"开始计时"和"暂停计时"控制秒表工作,"清零"使秒表复位变成 0,"计时时间"是秒表当前的时间。此计时器的时间分辨率是毫秒(1 秒 = 1000 毫秒),也就是每过 1 毫秒增加 1 秒。

14.4　制　作　流　程

课堂小目标

(1) 利用程序实现数据实时呈波形显示。

(2) 使用串口通信显示心率实时数据。注意:心率值并不是测量出来的实际结果。

开始编程

14.4.1　硬件模拟搭建

1. 选择主控板

单击"模块"→"LG Maker"→"主板类"→"控制器",并将图 14-9 中箭头所指的控制器拖到界面中央的工作台。如图 14-9 所示。

2. 选择脉搏传感器

单击"模块"→"传感输入模块系列"→"数值传感器类"→"脉搏传感器",并将图 14-10 中箭头所指的脉搏传感器拖到工作台。

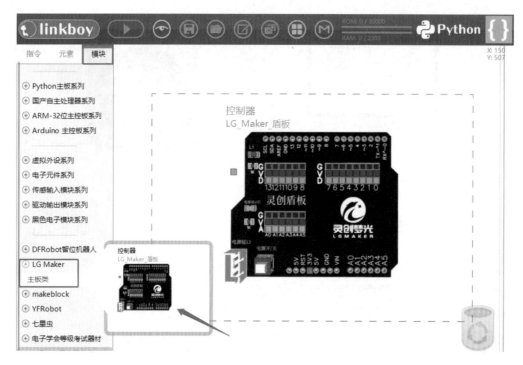

图 14-9　控制器

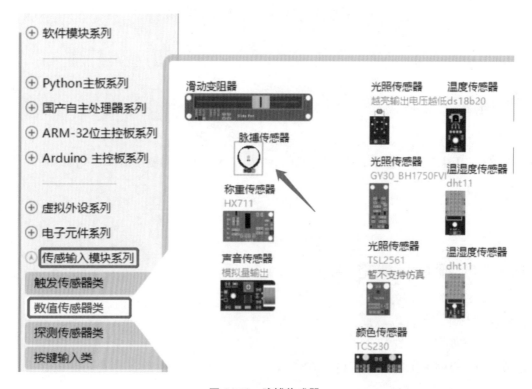

图 14-10　脉搏传感器

3. 模拟连线 1

将脉搏传感器的信号管脚连接主控板的 A3 模拟管脚，VCC、GND 管脚分别用导线连接主控板的 VCC、GND 管脚。如图 14-11 所示。

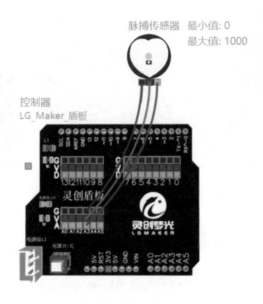

图 14-10　脉搏传感器模拟连线

4. 神奇功能

点击神奇功能，下载程序到主控板并开启调试模式。神奇功能可以显示变量的数值变化情况和传感器的实时数据波形。如图 14-12 所示。

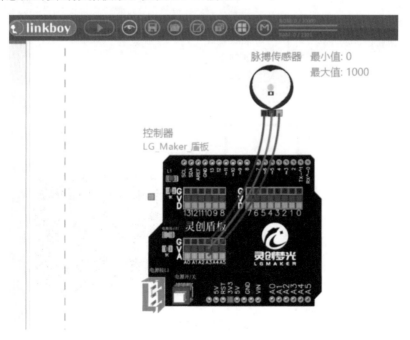

图 14-12　神奇功能界面

将手放置在脉搏传感器上，此时会出现脉搏的波形图。如图 14-13 所示。

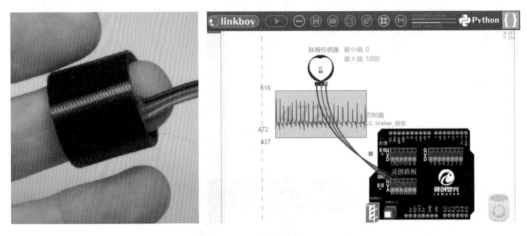

图 14-13　波形图 1

14.4.2　利用程序实现数据实时呈波形显示

单击"模块"→"软件模块系列"→"上位机串口通信类"→"串口通信和波形显示器"，并将图 14-13 中箭头所指的软件模块拖到界面的工作台，再添加延时器。

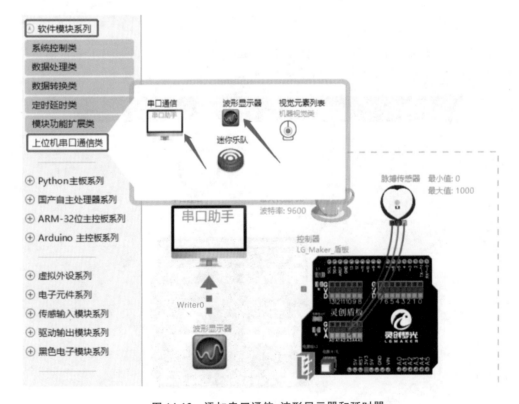

图 14-13　添加串口通信、波形显示器和延时器

1．模拟连线 2

将串口助手的引脚与盾板上的引脚进行连接。如图 14-15 所示。

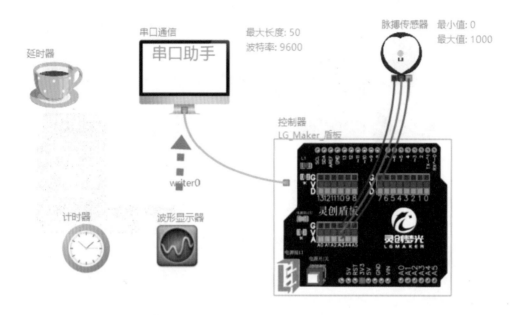

图 14-15　模拟连线图

2．调试程序编写

添加控制器反复执行，重复让波形显示器向通道 1 中添加脉搏传感器的数值，每次添加后等待 0.02 秒。然后进行仿真模拟，连线下载程序测试。通过串口绘图器显示脉搏波形图。如图 14-16 所示。

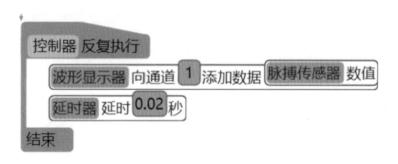

图 14-16　波形显示程序

3．打开串口绘图器

点击工具箱，选择"串口绘图器"。注意此时数据连接线不能拔掉。如图 14-17 所示。

4．脉搏容积波形图

通过串口绘图器显示脉搏容积波形图，如图 14-18 所示。

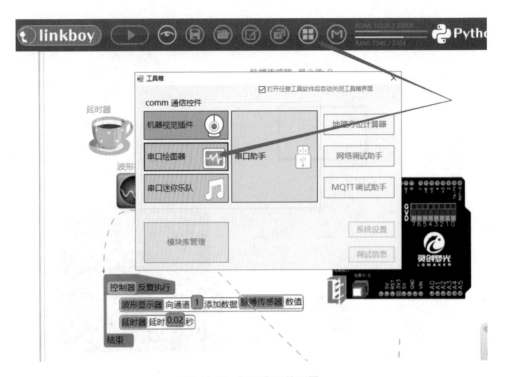

图 14-17　打开串口绘图器

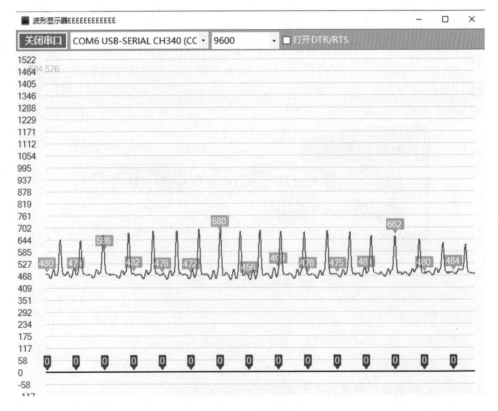

图 14-18　波形图 2

5．显示实时心率

使用串口通信显示实时心率数据，如图 14-19 所示。

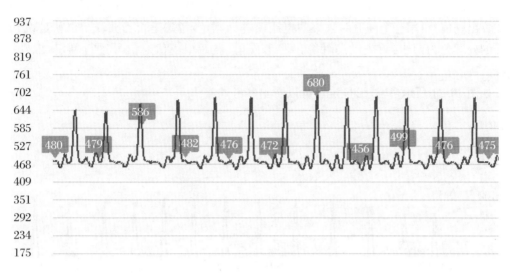

图 14-19　波形图 3

探索心率值的求解思路

在前面我们说过，脉搏传感器测得的值并不是我们的心率值。无论是采用计数法还是计时法，只有能识别出一个脉搏，才能数出一分钟内脉搏数或者计算两个相邻脉搏之间的时间间隔。那怎么从采集的电压波形数据判断是不是一个有效的脉搏呢？

显然，可以通过检测波峰来识别脉搏。最简单的方法是设定一个阈值，当读取到的信号值大于此阈值时便认为检测一个脉搏。似乎用一个"如果"语句就可轻轻松松解决上述问题。但事情真的有那么简单吗？

其实这里存在以下两个问题。

问题一：阈值的选取。

作为判断的参考标尺，阈值（临界值）该选多大？10 还是 1000？我们暂时不得而知，因为波形的电压范围是不确定的，振幅有大有小并且会改变，是不能用一个固定的值去判断。如图 14-20 所示。

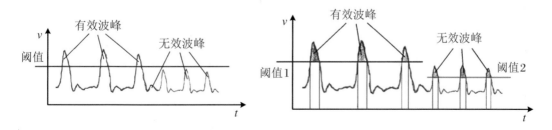

图 14-20　波形图 4

由上可知，两个形状相同波形的检测结果截然不同——同样是波峰，在不同振幅的波形中与阈值比较的结果存在差异。实际情况正是如此：传感器输出波形的振幅是不断随机变化的,想用一个固定的值去判定波峰是不现实的。

既然固定阈值的方法不可取,那自然想到改变阈值——根据信号振幅调整阈值,以适应不同信号的波峰检测。通过对一个周期内的信号多次采样,得出信号的最高与最低电压值,由此算出阈值;再用这个阈值对采集的电压值进行判定,考虑是否为波峰。也就是说,电压信号的处理分为两步:首先动态计算出参考阈值,然后用阈值对信号进行判定,识别一个波峰。

如图 14-21 所示,待波形稳定后可以看出参考阈值。

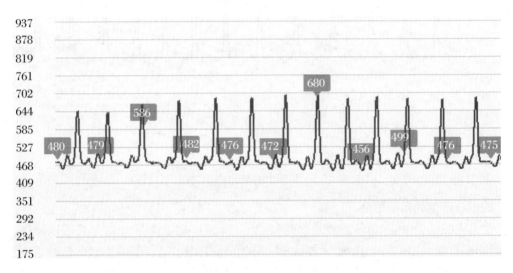

图 14-21　波形图 5

问题二:特征点的选取。

上面得出的是一段有效波形,而计算 IBI 只需要一个点。需要从一段有效信号上选取一个点,这里暂且把它称为特征点,这个特征点代表了一个有效脉搏,只要能识别这个特征点,就能在一个脉搏到来时触发任何动作。

通过记录相邻两个特征点的时间并求差值,便可计算 IBI。那这个特征点应该取在哪个位置呢?官方是选取信号上升到振幅的一半作为特征点,我们可以捕获这个特征点作为一个有效脉搏的标志,然后计算 IBI。如图 14-22 所示。

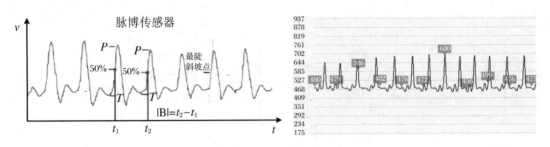

图 14-22　波形图 6

此图特征点我们可以选择 560。

注意:不同脉搏传感器,特征点数值差距可能较大,应根据自身波形图取值。

14.4.3　通过程序测算心率值

1. 添加计时器

单击"模块"→"软件模块系列"→"定时延时类"→"计时器",并将图 14-23 中箭头所指的计时器拖到工作台。

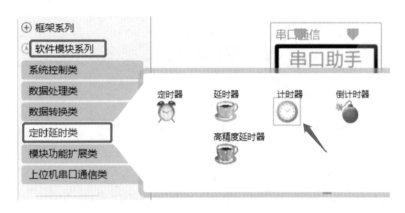

图 14-23　计时器

2. 程序编写

首先进行判断,当脉搏传感器的数值大于特征点数值时开始计时。由于波形上升后下降,需等待传感器小于特征点数值;当数值再次大于特征点时,便是两次脉搏之间的时间。然后通过公式(60000/计时器的计时时间)得到心率值。我们每次让一行只显示一个心率数值,进行换行,清空计时时间以及暂停计时。

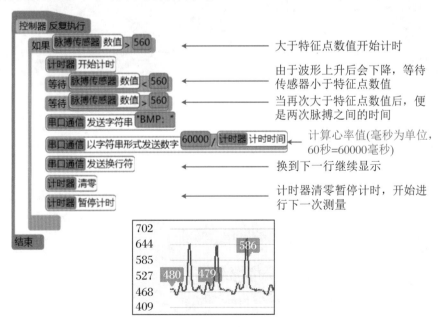

图 14-24　脉搏计算程序

3. 打开串口绘图器

点击"工具箱",选择"串口绘图器"。注意:此时数据连接线不能拔掉。如图 14-25 所示。

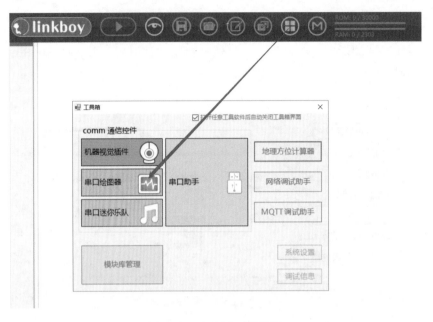

图 14-25　打开串口绘图器

4. 观察数值

观察数值,注意成年人正常心率范围为 60～100 次/分钟,如图 14-26 所示。

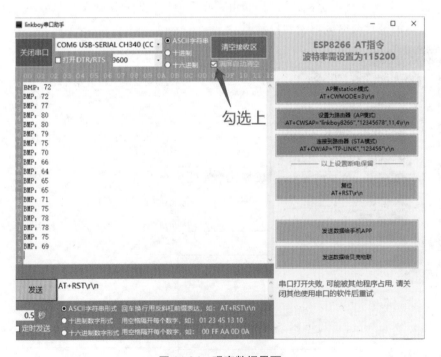

图 14-26　观察数据界面

探究拓展

使用红灯模块,随脉搏变化闪烁,四位数码管实时显示心率数值。

(1) 加入红灯、四位数码管、信息显示器。将红灯的信号管脚 IN 连接主控板的 D6 数字管脚,VCC、GND 管脚分别用导线连接主控板的 VCC、GND 管脚。四位数码管的 SCLK 管脚连接主控板的 D4 数字管脚,RCLK 管脚连接主控板的 D3 数字管脚,DIO 管脚连接主控板的 D2 数字管脚,VCC、GND 管脚分别用导线连接主控板的 VCC、GND 管脚。如图 14-27 所示。

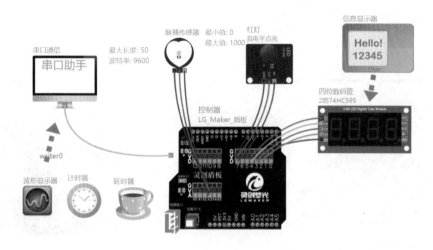

图 14-27　添加红灯、四位数码管、信息显示器

(2) 当脉搏传感器的数值大于特征点数值时,设置红灯熄灭,完成一次检测后红灯点亮,并且通过四位数码管将结果显示出来。如图 14-28 所示。

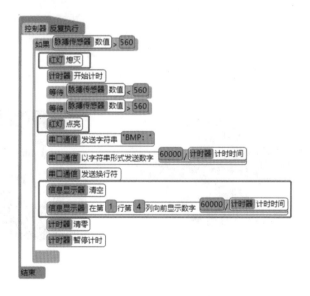

图 14-28　四位数码管程序

第 15 章　智能液晶表

时钟是测量和显示时间的仪器。几千年来，人类一直在以各种方式测量时间，包括日晷跟踪太阳的运动、水钟、蜡烛钟和沙漏等（图 15-1）。而我们现在使用的 base－60 时间系统，即 60 分 60 秒增量时钟，可以追溯到公元前 2000 年的古代苏美尔人。

人类使用日晷的历史非常遥远，中国在周朝就使用日晷

利用太阳投射的影子来测定时刻

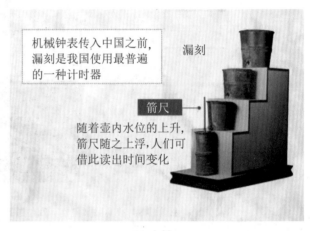

机械钟表传入中国之前，漏刻是我国使用最普遍的一种计时器

漏刻

箭尺

随着壶内水位的上升，箭尺随之上浮，人们可借此读出时间变化

(a) 日晷　　　　　　　　　　　　　　　(b) 水钟

图 15-1　古代时钟

由于以上时钟误差较大，在大航海时期，荷兰科学家惠更斯根据伽利略发现的摆的等时性发明了一种新的时钟——摆钟。随着时代的进步，美国人利用石英晶体的压电效应发明了石英钟，其精度远超摆钟，最好的石英钟误差在千分之一秒。后来，科学家利用微观世界中的周期现象，发明了原子钟。不同种类的时钟如图 15-2 所示。

(a) 摆钟　　　　　　　(b) 石英钟　　　　　　　(c) 原子钟

图 15-2　不同种类的时钟

原子钟不仅是象牙塔中的瑰宝,而且渗透到我们的日常生活中。其中一个最好的例子是全球定位系统(GPS),它为汽车、船只、飞机甚至个人(如登山者)提供定位支持。这个系统的原理很简单。它是通过定位仪器与空间中的几个定位卫星之间的无线电波来确定它们之间的距离,然后确定它们在地球表面的位置。最重要的一点是 GPS 能准确测量接收和发射电波的时间,因为只有准确测量时间,才能计算出准确的距离和位置,但由于无线电波的速度高达每秒 30 万千米,即使测量的传输时间只有百万分之一秒的误差,也会导致数百米甚至更大的定位误差。因此,GPS 的关键点是精确定时,而能够胜任这一任务的是原子钟。

15.1　学 习 任 务

(1) 认识 OLED 液晶屏模块并学习使用。
(2) 学习时钟模块的使用方法。
(3) 利用时钟模块,并结合液晶屏,完成时钟的设计。

15.2　实 验 材 料

Arduino 主控板×1、LG 拓展板×1、USB 数据线×1、电池×1、I2C OLED 显示屏×1、时钟模块×1、杜邦线若干。

15.3　知 识 准 备

15.3.1　I2C OLED 显示屏

OLED 又被称为有机发光二极管,相比较之前学习过的 LCD 显示屏,OLED 自带光源,不需要背光,并且整体更加轻薄、省电,屏幕的厚度小于 1 毫米,是 LCD 屏幕厚度的1/3。

12864 屏幕大小为 0.96 英寸,分辨率为 128×64(和 12864LCD 分辨率相同,但是 OLED 屏的单位面积像素点多)。由于 OLED 显示屏不需要背光,因此在只加电源的情况下屏幕不会有任何反应,必须利用程序正确操作才会显示。本模块采用的是 I2C OLED 显示屏(图 15-3),与之前 LCD 液晶显示屏转接板一样,仅需 2 个 IO 口就能驱动,SDA 双向数据线、SCL 时钟信号线。

相比较于之前我们使用的 LCD1602 显示屏,I2C OLED 可显示的内容更加丰富,由于其分辨率为 128×64，表示其共有 128×64 个"点"，通过控制这些点的亮和灭，就能实现显示任意形状的效果，如文字、图片等。

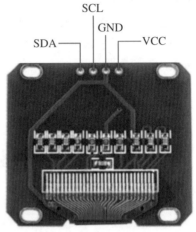

图 15-3　I2C OLED 显示屏

15.3.2　时钟模块

DS1302 是 DALLAS 公司推出的涓流充电时钟芯片（图 15-4），内含有一个实时时钟/日历和 31 字节静态 RAM（储存器），通过简单的串行接口与单片机进行通信。实时时钟/日历电路可提供秒、分、时、日、周、月、年的信息，每月的天数和闰年的天数可自动调整。DS1302 与单片机之间能简单地采用同步串行的方式进行通信，仅需用到 3 个串口线，即 RST 复位、DAT 数据线、SCLK 串行时钟。

图 15-4　时钟模块

15.3.3　点阵字符显示器

1. 点阵字体编辑器

想让屏幕显示相应的文字，首先要将需要显示的文字用点阵字体编辑器转换成点阵样式，再用点阵字符显示器显示。如图 15-5(a)所示。

2. 点阵字符显示器

点阵字符显示器是 linkboy 自带的拓展模块，可以在点阵显示屏上显示中英文信息，初始化时需要先设置英文字体和中文字体。当显示英文时，内部使用英文字体；当显示中文时，内部使用中文字体；字体可随时动态设置，设置完成后显示字符时就会使用最后设置的字体，不设置字体的话，会默认使用自带的默认 8×8 英文字体。如图 15-5(b)所示。

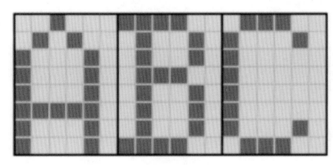

(a) 点阵字符显示器　　　　　　　　　　(b) 点阵字体编辑器

图 15-5　字体字符编辑显示工具

15.3.4　图形编辑器与图形显示器

1. 图形编辑器

在 linkboy 软件中，可以使用图形编辑器来对一些点阵显示器进行图形的绘制，也可以导入图片自动生成点阵图形。如图 15-6(a)所示。

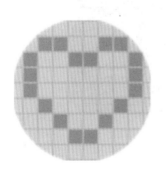　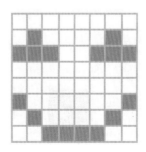

(a) 图形编辑器　　　　　　　　　(b) 图形显示器

图 15-6　图形编辑显示工具

2. 图形显示器

图形显示器可以控制绘制好的图形在点阵上显示并控制显示的状态。如图 15-6(b)所示。

15.4　制　作　流　程

课堂小目标

(1) 掌握点阵字体编辑与图片编辑。

(2) 用 OLED 液晶屏显示当前日期和时间。

开始编程

15.4.1　硬件模拟搭建

1. 选择主控板

单击"模块"→"LG Maker"→"主板类"→"控制器",并将图 15-7 中箭头所指的控制器拖到界面中央的工作台。

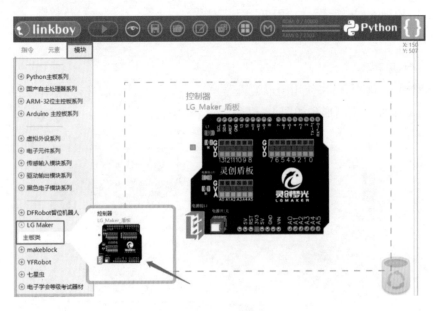

图 15-7　控制器

2. 选择时钟模块

单击"模块"→"传感输入模块系列"→"探测传感器类"→"时钟模块（ds1302）"，将图15-8中箭头所指的时钟模块拖到工作台。

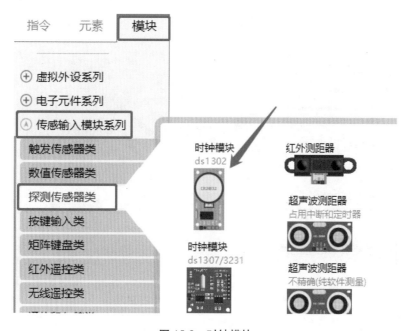

图 15-8　时钟模块

3. 选择屏幕

单击"模块"→"驱动输出模块系列"→"单色点阵液晶屏类"→"屏幕（SSD1306-I2C-0.96)"，然后将图 15-9 中箭头所指的屏幕拖到工作台。

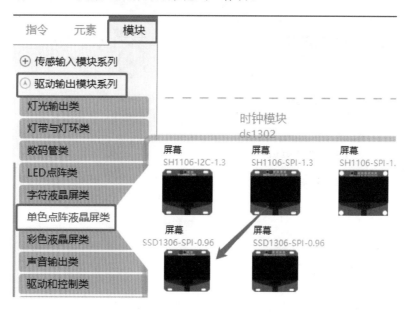

图 15-9　屏幕

4. 选择信息显示器和点阵字符显示器

单击"模块"→"软件模块系列"→"模块功能扩展类"→"信息显示器和""阵字符显示器",并将图 15-10 中箭头所指的信息显示器和点阵字符显示器拖到工作台。

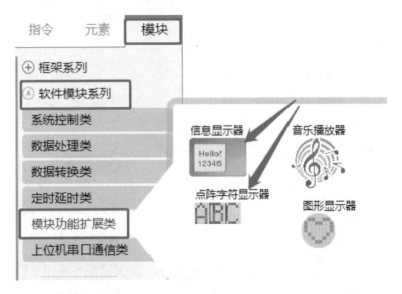

图 15-10　信息显示器和点阵字符显示器

5. 选择字符串

单击"模块"→"软件模块系列"→"数据处理类"→"字符串",并将图 15-11 中箭头所指的字符串拖到工作台。

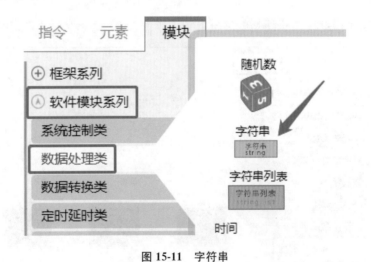

图 15-11　字符串

6. 模拟连线

时钟模块的 3 个数字管脚 CLK、DAT、RST 依次连接主控板的 5、4、3 号管脚,屏幕的 2 个数字管脚 SCL、SDA 依次连接主控板的 9 号、8 号管脚,两个模块的 VCC、GND 正常连接主控板 V、G 管脚。如图 15-12 所示。

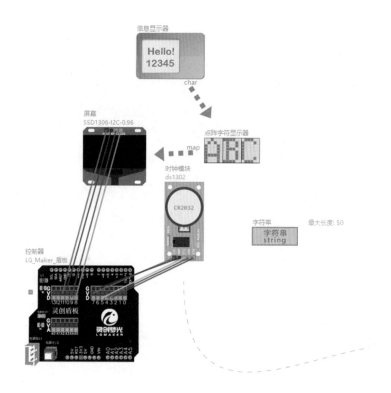

图 15-12　模拟连线

15.4.2　字体编辑

（1）选择"元素"，添加"点阵字体编辑器"，修改名称为"中文字体"，然后点击编辑，进行字体编辑。如图 15-13 所示。

（2）设置字符宽度为 16，高度为 16。

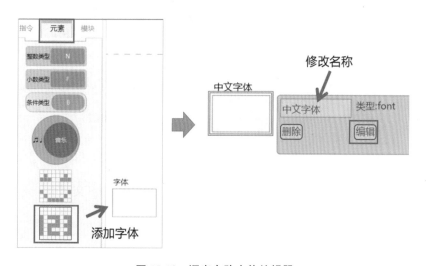

图 15-13　调出点阵字体编辑器

（3）选择自定义中文，然后输入"年月日"三个字。

（4）点击字体，选择字体为宋体，字形为常规，大小为小四。如图 15-14 所示。

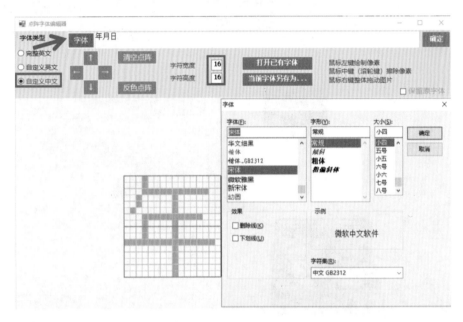

图 15-14　编辑调整字体

（5）点击 4 个箭头来调整字体位置，保证每个字体完整地显示在一个大格内。

（6）按照上面的步骤，继续添加编辑新字体，选择元素重新拖出字体编辑器，然后命名为：大号数字，设置字符宽度为 14，高度为 24；选择自定义英文；点击字体，选择字体为宋体，字形为粗体，大小为小一；点击 4 个箭头来调整字体位置，保证每个字体完整地显示在一个大格内。大号数字的制作方法如图 15-15 所示。

图 15-15　大号数字

（7）继续添加编辑新字体，选择"元素"，重新拖出字体编辑器，然后命名为中号数字，设置字符宽度为10，高度为16；选择自定义英文；点击字体，选择字体为宋体，字形为粗体，大小为三号；点击4个箭头来调整字体位置，保证每个字体完整地显示在一个大格内。中号数字的制作方法如图15-16所示。

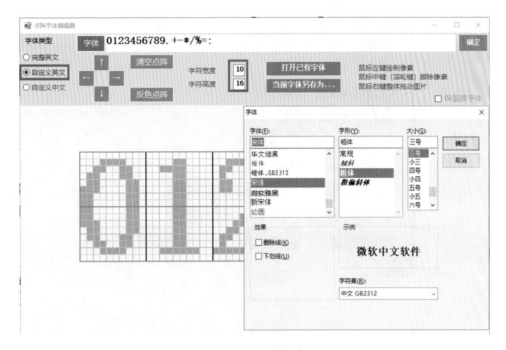

图 15-16 中号数字

15.4.3 程序编写

程序初始化，首先设置时钟模块的初始时间，根据当前时间进行设置，然后在程序下载时进行设置。一般日期显示，对于个位数都会用0补齐2位，因此调出相应的模块将字符串补齐。如图15-17所示。

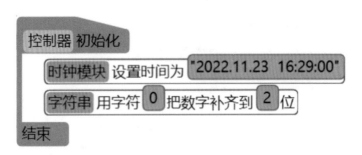

图 15-17 初始化程序

点击"时钟"模块，调出"时钟模块时间改变时"指令，即每次时钟模块时间改变时，显示当前时间。首先清空字符串，向字符串添加数字"时钟模块年"。然后添加文本"年"，即当前字符串为2022年。按照相同的方法，继续向字符串添加月和日。设置完成后将点阵字符显示器设置英文字体为"中号数字",设置中文字体为"中文字体"。最后信息显示器在第 8 行第 0 列显示信息:字符串当前值。如图 15-18 所示。

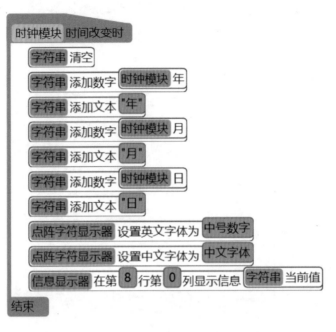

图 15-18　日期显示程序

时间的显示和日期相同,将原先字符串清空后,向字符串添加时、分、秒,然后用文本":"将其分开。设置英文字体为"大号数字",然后在第 32 行第 10 列显示当前字符串。如图 15-19 所示。

图 15-19　时间显示程序

模拟仿真:修改初始时间,点击仿真按钮,此时显示屏会显示当前时间并继续运行。如图 15-20 所示。

图 15-20　仿真结果

15.4.4　硬件搭建

根据模拟连线图进行硬件线路连接,注意液晶屏正负极不能接错,否则会烧坏模块。

15.4.5　安装

找出 M2×5 螺钉 12 颗、M2×8 尼龙柱(较短)4 个、立板 1 个(图 15-21(a))。

第一步将液晶屏用两个尼龙柱固定在立板上,安装位置如图 15-21(b)所示,注意液晶屏的方向(针脚在上面)。

(a) 安装材料　　　　　　　　　　　　　(b) 安装位置

图 15-21　液晶屏组装图

第二步用尼龙柱采用对角方式将时钟模块安装在底板上,安装位置如图 15-22 所示,然后将组装好的立板安装在底板上。

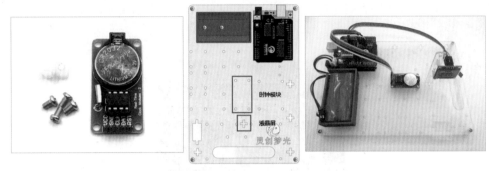

(a) 安装材料   (b) 安装位置

图 15-22   整体组装图

15.4.6   程序下载

首先设置好初始时间，可以提前 5～10 秒，然后点击左上角"linkboy"，会弹出"arduino 串口下载器"窗口，点击"串口号"，选择相应的串口号，再点击"下载"，下载成功后，检测实物运行效果。

   探究拓展

能不能添加一些图案，让界面看起来更美观一些呢？

1. 点阵图片制作

单击"模块"→"软件模块系列"→"模块功能扩展类"→"图形显示器"，并将图形显示器拖到工作台。

点击"元素"，选择图形编辑器，将其拖到工作台，然后点击编辑，进入图片编辑界面。如图 15-23 所示。

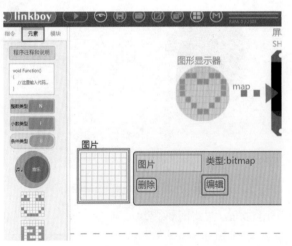

图 15-23   图片编辑器和图形显示器

　　首先设置点阵大小,将其宽度和高度都设置为 6;然后点击导入图片,点击桌面,选择图片 5。如图 15-24 所示。

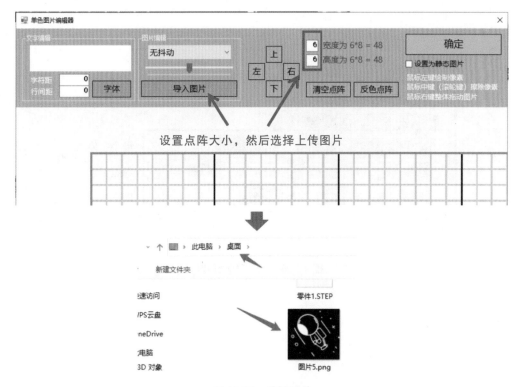

图 15-24　选择图片

　　导入图片后,选择反色点阵,然后将"设置为静态图片"前面的框勾选上,点击"确定"即可。如图 15-25 所示。

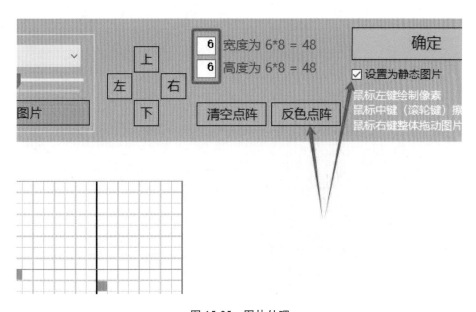

图 15-25　图片处理

2. 程序调整

由于要加入图片,因此要将原来的时间字体调小,将原来程序移出去,然后设置指令将字体设置为"中号数字",再将时间显示位置调整到第 38 行第 1 列,选择图片显示指令,即"图形显示器绘制图片到坐标 80 20 处"。如图 15-26 所示。

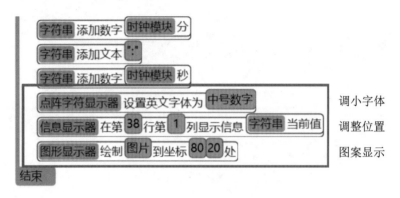

图 15-26　图片显示程序

附录 材料清单

序号	模 块	说 明	数量	单位
1	UNO 板	USB 采用 CH340 芯片	1	块
2	UNO 灵创拓展板	数字口和模拟口为三线接口插针拓展板,数字端口 14 路,模拟端口 6 路,PH 电源接口	1	块
3	B 型 USB 数据线	B 型 USB 数据线	1	根
4	母母杜邦线	长:20 厘米	40	根
5	公母杜邦线	长:20 厘米	10	根
6	电池	18650 电池,PH 接口,7.4 伏特,1200 毫安时	1	块
7	电池盒	能够用于安装 18650 电池盒,并且有安装孔	1	个
8	充电器	18650 电池充电器	1	个
9	底板	设有较多安装孔位	1	个
10	竖板	用于安装多色灯与四位数码管	1	个
11	舵机板	用于安装 SG90 舵机	1	个
12	超声波板	用于安装超声波	1	个
13	零件盒	塑料盒,双层结构,用于装以上套件	1	个
14	按钮模块	灵创定制版按钮,有符合底板的安装孔,按下高点平,松开低电平	3	个
15	LED 灯模块	三种颜色灯,红、绿、蓝各一个,有符合底板的安装孔,高点平点亮,低电平熄灭	3	个
16	多色灯	红、绿、黄三色灯	1	个
17	有源蜂鸣器	低电平发声	1	个
18	四位数码管	74HC595 驱动,含小数点,五线接口	1	个
19	超声波测距模块	四线接口,测量距离 2~600 厘米	1	个
20	MP3 播放模块（带 SD 卡）	模块内置 Micro SD 卡插槽,需要插内存卡	1	个
21	旋钮变阻器	用来调节音量大小,三线接口	1	个
22	读卡器	可以读取 SD 内存卡,用于下载音乐	1	个
23	面包板	400 孔面板	1	个
24	扬声器	8 欧姆 0.5 瓦特,直径 36 毫米喇叭	1	个

序号	模 块	说 明	数量	单位
25	烟雾传感器	MQ-2 烟雾传感器,用于检测甲烷等可燃气体,四线接口	1	个
26	火焰传感器	用于检测火焰,火焰探测,三线接口	1	个
27	光照传感器	用于检测环境光照强度,四线接口	1	个
28	声音检测器	用于检测声音,三线接口	1	个
29	继电器	1 路 5 伏特继电器,可进行高低电平切换	1	个
30	土壤湿度传感器	用于检测土壤湿度,三线接口	1	个
31	水泵	用于抽水,5 伏特双线	1	个
32	电池盒	用于安装 1.5 伏特干电池	1	个
33	DHT11 湿度传感器	用于检测湿度和温度,三线接口,温度单位为摄氏度,湿度单位用百分比计	1	个
34	超声波雾化器	用于产生水雾,5 伏特电压	1	个
35	红外遥控器	能发出红外遥控信号	1	个
36	红外接收模块	用于接收红外遥控信号,三线接口	1	个
37	马达	130 马达,带风扇扇叶,3 伏特额定电压	1	个
38	马达驱动器	2 路直流电机驱动模块,L298 你驱动芯片,每路电流可达 1.5 安培持续电流	1	个
39	SG90 舵机	180 度舵机,三线接口	1	个
40	马达安装支架	用于安装 130 马达,并与舵机进行连接	1	个
41	温度传感器	用于检测环境温度,采用 DS18B20 芯片,三线接口	1	个
42	语音录放器	用于录音、播放,使用 ISD1820 芯片,带喇叭	1	个
43	矩阵按键	4×4 矩阵按键	1	个
44	LCD 液晶显示屏	2 行显示,每行显示 16 个半角字符,带背光零度调节器	1	个
45	脉搏传感器	用于检测脉搏、心率,三线接口	1	个
46	时钟模块	采用 DS1302 芯片,用于读取时间,无线接口	1	个
47	单色液晶显示屏	0.96 英寸 OLED 液晶显示屏,12864 液晶显示屏,四线接口	1	个
48	ESP8266 模块	WIFI 无线控制模块,四线接口	1	个
49	电阻	1 千欧,用于 MP3 模块的使用	1	个
50	尼龙柱	M3×15 尼龙柱 6 个,M3×8 尼龙柱 15 个,M2×8 尼龙柱 2 个	23	个
51	螺钉	M3×8 螺钉 6 个,M3×6 螺钉 40 个,M2×6 螺钉个 2	46	个
52	螺母	M3 螺母 2 个,M2 螺母 2 个	2	个
53	螺丝刀	十字形螺丝刀	1	个
54	干电池	1.5 伏特单电池	2	节